小预算穿出大品牌

——日本第1时尚博主教你百变穿搭

(日)约克(Yoko) 著
李鹏 译

東華大學出版社·上海

ABOUT LIFE
COFFEE BREWERS
BLACK
Espresso 300 -
Americano 360 390
WHITE
Latte 430 450
Milk/Soy
FILTER
Drip Coffee 400 430
OTHER
Quick Brew Coffee 290 320
Cold Brew - 380
Tea 360 380
Extra Shot 150 -

COFFEE
BUY ONE GET ONE
50% OFF
ABOUT LIFE COFFEE BREWERS

应该买什么样的实惠品牌服饰，如何搭配才显得时髦漂亮，向大家介绍我的搭配理论

我乐于每天使用优衣库、GU、饰梦乐等为主的实惠品牌服饰。虽然既不能拥有杂志刊登的名牌服饰，又没有有模特一样的身材，可是也总想有那种穿衣的感觉……这样想着去花功夫打扮自己，非常之享受。

想着和大家一起分享我的穿衣乐趣，于是从博客开始。一眨眼竟有很多人喜欢它。现在作为服装造型师，能够帮助很多人时髦得体地穿衣搭配。

就我本人来说，从适合每一位客人自身的穿着考虑搭配，从中学习到了很多。最初，有时无论如何也找不到说服自己向客人推荐的衣服。但是，作为工作，在实惠品牌的研究中，逐步形成了在哪里买，买什么服装等具有自我特色的学说（理论）。

我把这些总结归纳成这本书。优衣库、无印良品等这些在任何地方都可以买到的衣服，从它们的选择方法，到我的逐条建议，还有一下子能记住的实惠品牌的搭配技巧。这些虽然仅仅是一点小知识，但如果您能从中不断地享受到更多的实惠品牌，对我来说实在荣幸。

那么，明天穿什么呢？我们一边想，一边试着翻开它吧。

PART

ONE

必须购买的 6大实惠品牌

TWO

超基础款的穿搭对比

THREE

我（YOKO）的小饰物使用方法

PART

4 旅行的穿着 & 夫妇的衣着搭配

FOUR

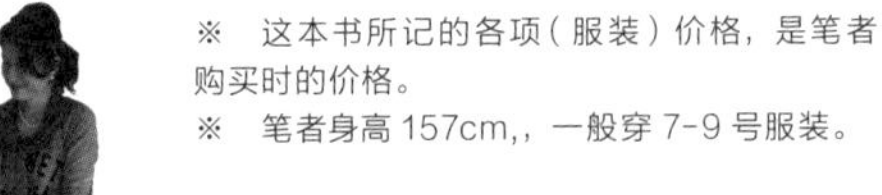

※　这本书所记的各项（服装）价格，是笔者购买时的价格。

※　笔者身高 157cm,，一般穿 7-9 号服装。

PART

ONE

优衣库·饰梦乐·GU·
无印良品·ZARA·H&M

必须购买的
6大实惠品牌

我的服装多为在优衣库、饰梦乐等店都可以买得到的便宜实惠品牌服装。有不断冲动购买的失败，也有超实惠购买意想不到的成功。在不断购物经验积累中，我渐渐知道了某种品牌中最应该购买的服装。这正是我想介绍给大家的购买服装的经验。

我（Yoko）说：

不被流行左右
基础服装
首先在**优衣库**寻找

优衣库必买 1

牛仔裤

因为简单朴素容易搭配，
易显笔直修长的效果，
所以可以购买多条同款不同颜色的牛仔裤

牛仔裤是穿衣搭配中不可缺少的流行元素。优衣库商场内，因为有多款、多色、多种类，所以可以找到与自己体型适合的一款。不一定要基础款，有流行感觉的最有魅力。如果是高价品牌的话，一条牛仔裤的价格可以买好几条优衣库牛仔裤，所以如果喜欢的话，还是建议多买几条不同颜色的同款。

选择优衣库的理由是：不在乎裤子是否变形，尽情地穿，任意地洗，膝盖破了，再重新买同款。

适合的 直筒牛仔裤

最喜欢的搭配

横条纹＋迷彩
增加时髦感

穿上早已过时的横条纹（衣），大胆配上迷彩包，稍稍有冒险的感觉，如果再围上又宽又长的披肩，就没有过时的感觉了。

H&M的对襟毛衣

显瘦效果
背心＆衬衫 搭配

很在乎腰围的人，建议穿长的背心。
衬衫的色差和硬的质感，让人感到干净利落，很精神。

休闲场合

对襟毛衣：H&M
横条纹：GU
T恤（白）：无印良品
披肩：Faliero Sarti
项链：Bliss Point
手镯：手工自制
包：手工自制
鞋：匡威

衬衫：无印良品
背心：OSMOSIS
耳环：Anton heunis
包：饰梦乐
围巾：在二手店购买
鞋：Bellini
手表：Daniel Wellington
项链：手工制作

最喜欢的是直筒裤，特别是蓝色基调，不管如何穿搭，都不会有整体的呆板的感觉。参考一下海外异域风的子母扣（牛仔），可以穿长度及脚裸左右的九分裤。

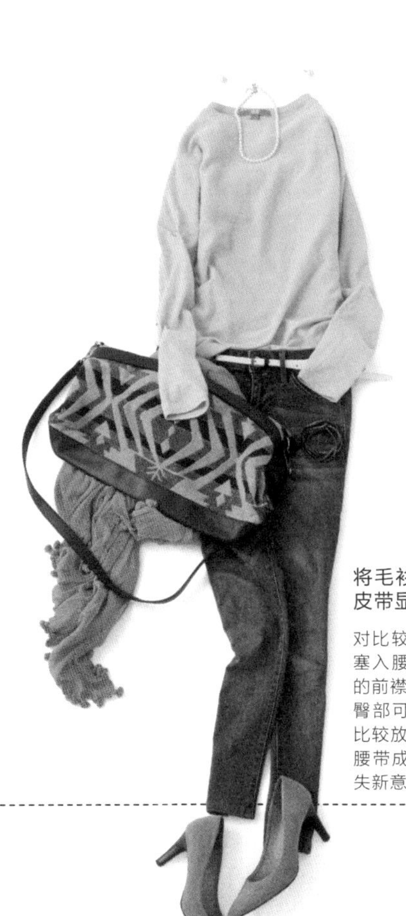

很在乎腰围的人，可以试试长款对襟毛衣

如果穿上可以盖住臀部的开衫毛衣，虽说稍显丰满，但完全可以很有自信地再塑苗条。
如果再配上长长的项链，效果会更佳。

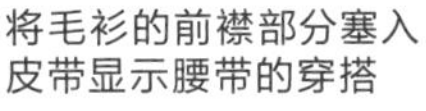

将毛衫的前襟部分塞入皮带显示腰带的穿搭

对比较排斥毛衫下部全部塞入腰带的人，若把毛衫的前襟部分塞入腰带的话，臀部可以被遮盖，这样会比较放心。
腰带成了着装的重点，不失新意。

正式场合

毛衫：优衣库
腰带：URBAN RESEARC
项链：手工制作
耳环：朋友手工制作
手镯：Chan Luu
包：ZARA
披肩：LAPIS LUCE PER BEAMS
鞋：ORIENTAL TRAFFIC

开衫毛衣：ZARA
打底衫：无印良品
内穿背心（带银线）：海外旅行购入
耳环：GU
手表：Daniel Wellington
项链：手工制作
手镯：UNITED BAMBOO
包：饰梦乐
披肩：Faliero Sarti

优衣库牛仔裤

富有变化的穿搭

1. 即使是衬衫也随处显现女性温柔

2. 用长度相当的毛衫轻松盖住非常在意的臀部

3. 可爱的长统靴和冬天的白色牛仔裤穿搭

长筒靴配白色牛仔裤

4. 上衣如果也是白色，短外套会成为亮点

变化 1

白色修身牛仔裤

牛仔裤给人的基本感觉是素雅干净。不要担心(看上去胖)，希望充分利用

九分裤(牛仔裤)需要有蓝、藏青色、黑色、白色四种颜色，最显素净的搭配是白色。也有人很在乎白色显胖，但是如果拥有一件很有质量的长上衣，会完全没有问题。特别是冬天，即使是沉重的外套，白色的牛仔裤也会让你看上去眼前一亮。

1. 休闲的横条纹披肩搭上魔术般变化的白色牛仔裤，更显修长，潇洒自如。如果配上皮革等小饰物，会更显成熟。
   衬衫、搭在肩上的毛衣：优衣库
   包：MODALU　鞋：样品

2. 很有质感的毛衫，素雅的搭配张弛有度。深沉的藏青色和白色的搭配非常完美。
   上衣(毛衫)：SQUOVAL　包：饰梦乐
   手镯：H&M　鞋：Prettu Balleromas

3. 长筒靴是素雅感的元素。冬天仅仅穿白色牛仔裤就会让人有时髦的感觉。
   外套：j&m Davidson
   打底衫：United Arrows　长围巾：优衣库
   包：饰梦乐　靴子：Sartore

4. 虽然披着牛仔上衣，但是充满着白+白的清洁感。太阳镜和红色腰带的搭配是亮点。
   牛仔上衣：GAP　T恤衫：男式的
   太阳镜：H&M　腰带：优衣库
   包：Moyna　鞋：ORIENTAL TRAFFIC

1. 穿搭皮衣的成熟

2. 灰色上衣，略显潇洒

3. 亮点是系在腰间的衣服的T造型

4. 素雅感的上衣，尽显女性温柔，牛仔裤小调整

变化 2

男性化穿搭

适当宽松舒适的质感
外形可爱
从下至上的轻松感

以前和时装杂志合作写过九分小脚裤。非常喜欢这种不是很宽松、贴身无间隙、外形可爱的牛仔裤。1900日币的优惠价格时果断买下白色、蓝色、藏青色的九分牛仔裤。因为是贴身牛仔裤，建议穿搭凸显上半身短小、女人味（女性化）的上衣。

1. 牛仔裤给人以粗犷之感，可是加上皮衣，男性化的牛仔裤却尽显成熟稳重。船口鞋更显女性化。
   皮衣：海外旅行购入　衬衫：优衣库
   太阳镜、手镯：H&M　包：妈妈淘汰的
   鞋：二手店购入

2. 上衣+牛仔裤虽显单调，但是却有成人的味道。稍稍在意鞋子的不协调。
   上衣：GU　衬衫：无印良品
   帽子：Tomorrowland　包：ZARA
   鞋：Fabio Rusvoni

3. 今年买齐的小脚裤62号蓝，和藏青色穿搭，腰间的横条纹是亮点。
   T恤：ZARA　上衣：H&M
   包：饰梦乐　鞋：匡威

4. 女人味上衣和休闲风穿搭是我的穿搭主调。配上短而束腰宽松式的上衣非常完美。
   上衣：ZARA　帽子：Panama hat
   包：Atelier　鞋：Fabio Rusconi

优衣库必买 2

九分裤

收放自如的百搭
而且穿着舒适
掩盖体型的缺点

优衣库的九分裤，腰身很宽松，从上到下是逐渐变细变窄的休闲形。大、小腿也是宽松的，舒服，适合比较胖的人。长度到脚裸处，即使是板鞋也很有女性魅力。因为是松紧带裤穿着很舒服。不仅在平日会给人笔挺干净的印象，在工作场合也可穿着。每次出新品我都很想买。

优衣库九分裤 喜欢的穿搭

适合的 缎面九分库 & 直筒九分裤

最喜欢的搭配

素雅夹克衫的完美时髦搭配

因上衣的搭配，整体形象的素雅感一下子提升，这就是缎面九分裤的可取之处。勇敢尝试一下男性化铆钉鞋，更会有令人意外的效果。

有光泽的红色是三色搭配中的主角

有光泽的缎面九分裤，搭上休闲服装，容易搭配。内衣的金丝线和银色的勃肯鞋代替了首饰。

衬衫：优衣库
吊带背心（条纹）：H&M
内穿背心（金丝线）：海外旅行购入
帽子：idée
包：饰梦乐
手表：Daniel Wellington
手镯：手工
鞋：BIRKENSTOCK

夹克衫上衣：优衣库
T恤衫：无印良品
耳环：Lattice
小吊坠：Atelier
手表：Daniel Wellington
包：妈妈淘汰的，饰梦乐
鞋：Bellini

都是基础色调的直筒裤，你会发现具有生动色彩的流行设计！整洁素雅的外形，并不夸张易于搭配的上衣，完全可以掌握搭配方法。

男性化穿搭通过强化鞋子和包转为女性化

小尖头鞋，明了清晰的竖纹边线，尽显美脚的搭配。豹纹完全没有违和感，非常协调。

T恤和有白条的裤子穿搭，流行感十足

有白条的裤子是引人注意的设计。貌似很难穿搭，实际上只要搭配休闲装，就会充满着流行的味道。

休闲场合 ←-----→ 正式场合

T恤：ZARA
帽子：GU
太阳镜：GU
包：GU
披肩：Faliero Sarti
手表：CASIO
鞋：Newbalance

衬衫：海外旅行时购入
T恤：无印良品
眼镜：Zoff
手镯：fifth
包：饰梦乐
披肩：Altair
鞋：Fabio Rusconi

优衣库九分裤

穿搭变化

1. 格子带来的成人可爱味道

优衣库的蓝色九分裤搭配

2. 袜子也毫无疑问的可爱

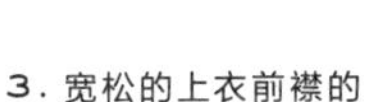

3. 宽松的上衣前襟的裙线效果

4. 马夹背心＋半折帽，整洁效果

变化 1

蓝色九分裤

不管怎么说
非常容易穿搭
休闲上衣是凸显可爱的功臣

很多人把衬衫、夹克衫与九分裤穿搭，仅仅如此，实在有些不够。如果上衣的话，我建议休闲款多一些。围巾、帽子之类的配饰往往看上去像小孩子的感觉，可是和九分裤一起穿搭，却十分完美，我想这就是其魅力所在。

1. 同色系的衬衫，有颜色渐变之功效。黑色的小装饰物更会提升良好印象。
   衬衫：无印良品　眼镜：Zoff
   包：饰梦乐　手表：Daniel Wellington
   手链：Lavish Gate　鞋：Bellini

2. 脚裸上方的裤长，丝袜间的空隙隐约可见。加上高跟敞口鞋，是成人的休闲风。
   外套：优衣库　T恤衫：饰梦乐
   手表：Daniel Wellington　包：Modalu
   袜子：tutuanna　鞋：Fabio Rusconi

3. 宽松的毛衫，仅前襟部分塞入裤内，整体搭配协调平衡。脚裸可见的裤长，搭上运动鞋，效果很好。
   毛衫、手镯：优衣库
   手表：Daniel Wellington
   包：海外旅行时购入　鞋：匡威

4. 因为马甲给人很干练的感觉，所以非常适合在盛夏时男性化的穿搭。脚上的凉拖更显流行。
   马甲：Tomorrow wland　背心：H&M
   帽子：Panama hat　包：L.L.Bean
   凉鞋：Hawaiians

1. 茶色毛衫穿搭格子九分裤，变身成熟外表

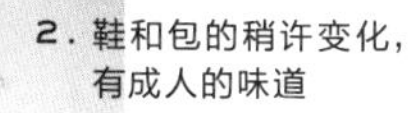

2. 鞋和包的稍许变化，有成人的味道

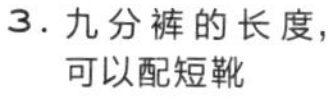

3. 九分裤的长度，可以配短靴

4. 即使苦恼于颜色搭配，也并不排斥红色

变化 2

格子九分裤

在博客中收到好评的格子九分裤具有意外的百搭能力

传统流行（穿搭）复归的当下，尝试一下个人比较喜欢的格子九分裤。虽然我较多喜欢素色，不太用花纹的穿搭，但不醒目的格子，我觉得却有很多穿搭的亮点。即使是衬衫和毛衫简单的穿搭，也会让人感到淡淡的流行。露出脚裸，穿上高跟鞋，让人倍感轻松。

1. 穿搭茶色的毛衫，有意外的成人氛围。里面的背心隐约可见，其白色凸显了的色差是关键。
   毛衫：ANGLOBAL
   圆领背心（内）：GU　包：饰梦乐
   手镯：H&M　鞋：ORiental Traffic

2. 白色毛衫的休闲穿搭。对于不喜欢花色耀眼的朋友，具有存在感的红色高跟鞋和素雅的旅行包是休闲的表现。
   衬衫：无印良品　毛衫：优衣库
   包：饰梦乐　手镯：H&M
   手表：Daniel Wellington
   鞋：二手店买入

3. 穿短靴，以能隐约看见脚裸最为理想。以红色为主色的格子九分裤更显潇洒。
   毛衫：优衣库　包：ZARA
   手镯：fifth　鞋（短靴）：Bellini

4. 与格子裤穿搭，非常生动活泼的红色毛衫尤为洒脱。配上小装饰物把黑色统一起来会更显清爽，干练。
   外套风衣：ANGLOBAL SHOP
   毛衫：别人送的　眼镜：Zoff
   包：海外旅行购入　鞋：Bellini

优衣库必买 3

基本款
针织衫

不被流行所左右，与外面的衣服容易搭配，虽然便宜，但质量放心，可以长期使用。

廉价的针织衫，容易起球，偶尔会扎人。这些问题在优衣库完全不存在。因此，对于圆领、开衫等普通款针织衫，要首选优衣库品牌。选择的理由是根据下身服装不同而购买各款。5000日币左右就可以购买的羊绒衫，意想不到的质量让人非常喜欢，每年买一件购齐各款。

优衣库基础款针织衫 喜欢的穿搭

适合的 白色圆领针织衫

最喜欢的搭配

白色＋蓝色 清爽干净简单

里面衬衫的颜色和裤子很协调，针织衫的简单穿搭是我经常的搭配，要点是要露出衬衫的下摆和袖口。

休闲场合

白色搭迷彩色，成人穿着的可爱之处还是白色基调

迷彩服可以称得上是自由休闲的代表，穿搭白色基调的针织衫，给人以透明感。与迷彩卡其色很搭的漂亮包包，是搭配的亮点。

衬衫：无印良品
裤子：NOMBRE IMPAIR
眼镜：GU
项链：BEAMS
手镯：GU 手工制作
包：Via Repubblica
鞋：匡威
围巾：二手

裤子：Remake
项链：CHAN LUU
包：ZARA
手镯：CHAN LUU
鞋：AmiAmi

从春至秋，拥有棉质的圆领针织衫非常必要。有若干件，都可穿搭。凸显清爽干净的搭配多选用薄款的针织衫，如果是休闲风，还是建议粗粗的棒针针织衫。无论哪种穿搭，我乐于选择百搭的白色。

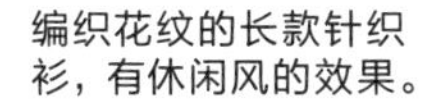

编织花纹的长款针织衫，有休闲风的效果。

服装穿搭要求很高的鱼摆裙和毛衫的蓬松感，给人休闲清爽的感觉。斜挎的包包，是时髦的要点。

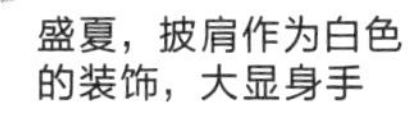

盛夏，披肩作为白色的装饰，大显身手

如果很在意无袖的两臂，那么建议用同色的毛衫作为披肩使用。没有破坏上衣的平衡感，还能作为装饰巧妙的穿搭。

正式场合

上衣：GU
裤子：GAP
项链：Lavish Gate
手表：Daniel Wellington
手镯：BANANA REPUBLIC
手链：H&M
包：饰梦乐
鞋：ORIENTAL TRAFFIC

裙子：GU
项链：Lattice
手镯：H&M
包：海外旅行购入
靴：L’ autre chose
披肩：Altea

优衣库基础款针织衫

喜欢的穿搭

1. 上半身短小打扮，增强平衡感

2. 披肩＆鞋的搭配，聚集全身焦点

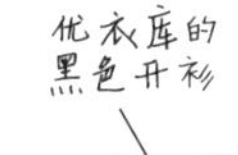

3. 用针织衫巧妙地盖住露出的双臂

4. 用黑色搭配嫩嫩的粉，非常酷

变化 1

黑色开衫

作为披肩穿搭的黑色开衫
在穿搭中大显身手
成为焦点

原本喜欢单一色调的我，发现使用黑色会成为穿搭的焦点，所以黑色针织衫成为我的首选推荐。随着季节的变化可以作为一般穿着，也可以当披肩作为装饰，松软的手感更显女性的温柔。夹克衫大小的针织开衫，会让你享受各种穿搭效果。

1. 直盖脚裸的长裙，让上半身变小才会保持服装的整体平衡感。
   裙：饰梦乐　内穿 T 恤：无印良品
   手表：Daniel Wellington
   包：海外旅行购入
   披肩：Wild Lily　鞋：匡威

2. 牛仔衬衫 + 白色的裤子是传统的穿搭。开衫毛衣和鞋子成为装饰。
   衬衫：GAP　裤子：优衣库
   眼镜：FOREVER21
   包：MARCO MASI　鞋：海外购入

3. 用毛衫巧妙遮住无袖套装是亮点。
   无袖套装：REEFUR　帽子：idee
   包：海外旅行购入
   凉鞋：See By Chloé

4. 只要在黑色穿搭中加入一种干净的素雅色，就不会感到黑色带来的沉重。
   低领背心：优衣库　裙：ZARA
   帽子：idee　眼镜：Tiger
   包：海外购入　凉鞋：See By Chloé

1. 灰色高领针织衫
显成熟感

优衣裤的高领毛衫

2. 及膝的裙长，
穿搭非常完美

高领条纹衫

3. 大衣 + 横条纹
冬天的主调

4. 白色的高领毛衫，
隐约可见内衣

变化 2

高领针织衫

**因为直接接触脖颈部，
最好选择质地好的针织面料。
优衣库的产品既实惠又放心。**

高领针织衫如果质地差的话，会扎人让人不舒服。不管多么廉价，如果质地不好，还是不要穿着。黑色和条纹是穿搭的主线，白色起到协调颜色、美白效果。

1. 上衣以灰色针织衫为主调，干净利落的直筒连衣裙并没有孩子气，而显适度的成熟。
连衣裙：E hyphen　包：ZARA
围巾：优衣库　靴：L' autre chose

2. 上半身的紧小和下半身的 A 字裙平衡感非常好。
裙：ZARA　包：ZARA
鞋：FABIO RUSCONI

3. 虽然是极其普通的穿搭，但是条纹高领针织衫的视觉感成为装饰。袜子也非常搭。
长外套：ANGLOBAL SHOP
裤：ZARA　包：海外旅行购入
手表：Daniel Wellington
袜子：tutuanna　鞋：FABIO RUSCONI

4. 白色针织衫质地上乘，内穿灰色内衣，稍稍露出下摆。
裤：优衣库　披肩：glen prince
项链：CHAN LUU　手镯：H&M
手表：SEIKO　包：MODALU
鞋：FABIO RUSCONI

我（Yoko）说：

饰梦乐季节性服饰都超便宜，

无目的性，以“福袋”的感觉享受购物的快乐

饰梦乐必买 1

文化衫（休闲衫）

写有大黑体 Logo 的休闲衫有很多，目标是单一色调

购买前我习惯想好欲购服装的颜色、款式。但是饰梦乐却是例外。由于惊人的实惠，所以尽可毫无计划地随意闲逛，然后冲动买下的只有饰梦乐。虽然实惠，但从不会担心和别人的穿着重复、撞脸。特别是带有 Logo 的 T 恤，面料格外出众。选择易搭的单一色调，并没有小孩子气的幼稚。Logo 被摩擦后，看上去如古董般厚重，并无实惠货之感。

SHOW EVERBODY
THE PRETTY
LOVELY
BEHAVIOR
ACQUIRE 64
NEWYORK
CITY

饰梦乐带Logo的T恤 喜欢穿搭

适合的 灰色（带有Logo的）T恤

最喜欢的搭配

小尖头皮鞋彻底抹掉实惠感

运动鞋，“近处转转”的穿搭。优雅的敞口皮鞋的话，非常适合与T恤穿搭，配上眼镜更显效果。

GU的夹克衫

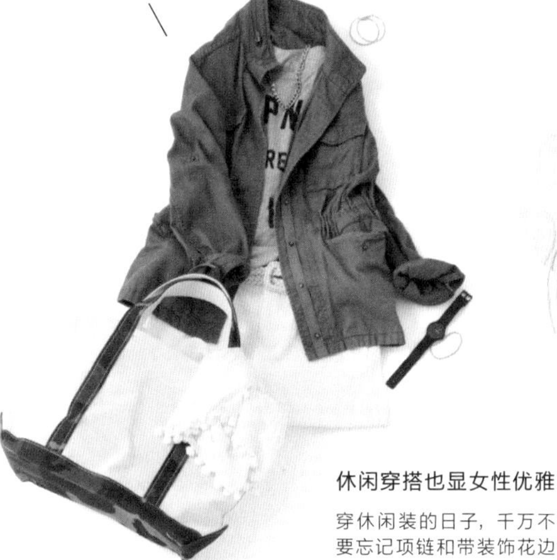

休闲穿搭也显女性优雅

穿休闲装的日子，千万不要忘记项链和带装饰花边的围巾，这样可以增加女性的温柔。T恤要塞进裤子，露出腰带。

休闲场合

夹克衫：GU
短裤：优衣库
项链：手工制作
耳环：GU
腰带：GU
手表：CASIO
手链：手工制作
包：L.L.Bean
围巾：UNFIT femme
鞋：匡威

系在腰间的衬衫：优衣库（儿童码）
裤：ZARA
内穿背心：海外旅行购入
眼镜：GU
手表：CASIO
包：Via Repubblica
手链：United bamboo
鞋：二手店购入

推荐比白色更具流行感的灰色。非常喜欢领口微开，能看见里面穿的大背心的款式，Logo 有做旧感。与敞口皮鞋和项链等相搭配，毫无实惠的感觉。

穿单一色调，显流行风范

皮质的包和有花纹的凉鞋，更显时髦。搭配冰蓝色的围巾，有稍许的色差对比，是我的大爱。

裙 & 优雅的小饰物，休闲之首

女性化的及膝裙，出乎意料的合适，鞋子和包的搭配也相当不错，恰到好处的甜美和休闲的组合。

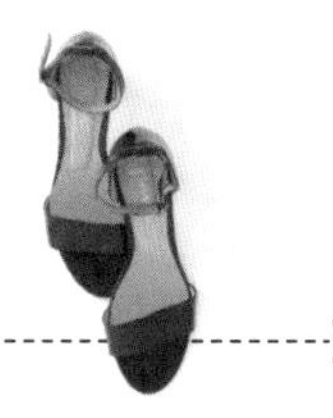

正式场合

裤：GU
耳环：GU
手镯：H&M
包：饰梦乐
披肩：Wild Lily
凉鞋：Canino,

系在肩上的衣服：优衣库
裙：ZARA
项链：手工制作
耳环：手工制作
手链：贵和制作所
包：海外旅行购入
凉鞋：Spich& Span

饰梦乐带有Logo的T恤衫
穿搭变化

1. 学院风穿搭

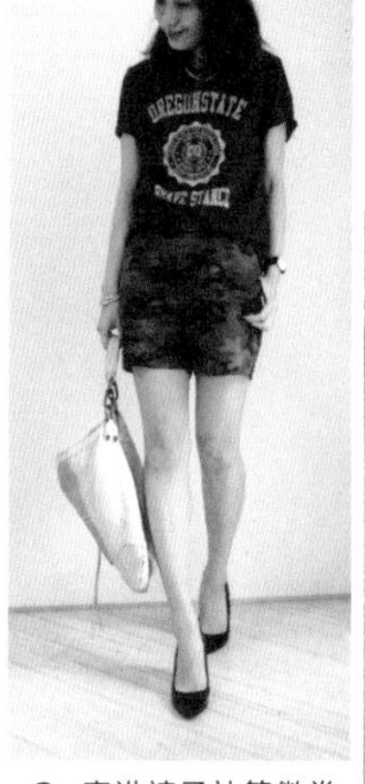

2. 塞进裤子袖管微卷，干练利落之感

3. 优雅穿搭与之不协调感的完美

4. 休闲的基本元素——竹筐包

变化 1

半袖T恤

为了不让T恤的穿搭有幼稚感，要选其他流行色作为装饰点缀

饰梦乐的T恤，一般选择白、黑、灰、藏青色。素雅的颜色虽然没有那种微妙的高级名牌感，但是因有流行色的存在也看不到廉价的味道。不仅如此，休闲风的T恤能让人看上去成熟稳重。

1. 藏青的T恤&九分裤是流行的穿搭。不经意挽起的袖管，很有立体感。
   裤：优衣库　围巾：UNFIT femme
   包：Via Repubblica
   鞋：FABIO RUSCONI

2. 超短裤和T恤短小的打扮，仅把衣服前襟塞入裤内&稍卷袖口。
   超短裤：Remake　帽子：Panama hat
   包：Via Repubblica
   鞋：FABIO RUSCONI

3. 藏青色外套&九分裤，悠闲的休闲风。藏青色给人安定稳重感。
   外套：优衣库　裤：优衣库　眼镜：GU
   包：ZARA　鞋：Amiami

4. 和厚背心完全搭的休闲风的竹筐包，增加了稍许可爱之处。
   背心：GAP　裙：优衣库
   包：atelier EIN　鞋：匡威

饰梦乐的
长袖T恤衫

1. 即使是灰色，与优雅的鞋子和包搭配也非常之协调

2. 十足的以牛仔为主调的休闲风格

3. 细 Logo+ 长对襟针织衫，异域风的感觉

穿着GU的开襟针织衫

4. 假日享受时髦的放松穿搭

变化 2

长袖 T 恤，连帽衫

当季商品，有备购买，眨眼就卖光，喜欢的话即刻购买是不变的原则

饰梦乐的带有 Logo 的长袖 T 恤、连帽衫很可爱。而且，感觉和 T 恤相比，连帽衫价格稍实惠。无需在乎衣服的变形，在同季享受着当季商品购买的快感。商品的上市非常早，转眼就卖光，所以如果发现喜欢的 Logo，要即刻购买。这是购买秘诀。

1. 有活力的色彩包与灰色很搭。不一定要搭运动鞋。浅口皮鞋和素雅的包漂亮至极。
衬衫：无印良品　裤：优衣库
眼镜：Zoff　包：MODALU
鞋：FABIO RUSCONI

2. 牛仔搭牛仔，是今年的流行。果断使用素雅的包和围巾，尽享 Logo 与其不对称之美。
内穿衬衫：海外旅行购入
牛仔裤：优衣库　包：饰梦乐
围巾：二手店购入　鞋：showroom

3. 饰梦乐的衣服上，带有纤细的手绘感觉的 Logo，不仅有休闲感，还尽显异域风。
毛衣外套：GU　裤：H&M
包：海外旅游购入　凉鞋：Spick&Span

4. 放松感的裤子，在休闲装中给人以时髦感，与竹篮包搭，非常协调。
裤：Kastane　包：atelier EIN　鞋：匡威

饰梦乐之必买 2

包

包的颜色和形状想要和服装完全搭，
包的数量决定胜负！
即使是合成革，也不必在意。

因为非常喜欢尝试挑战用小物件来搭配基础色调款式的服装，包有作为装饰物的感觉，所以想购买很多。饰梦乐的包具有时下流行的设计，不仅仅易于装饰，而且相当实惠，所以一旦发现要毫不犹豫地购买。商品的更换非常快，多会转眼卖光，因此要当机立断。材质虽是合成革的，但是不容易有划痕，尽管任性使用，饰梦乐的包依旧保持原样。对我来说，毫不担心在任何场合使用。

NYC
CITY OF MIAMI

饰梦乐包 穿搭变化

适合的 浅咖啡两用包

最喜欢的搭配

休闲和优雅的混搭，通过色彩给人统一感

女性感十足的裙子 + 优雅的包，显休闲风带有 Logo 的 T 恤和运动鞋。只要统一色调，毫无杂乱之感。

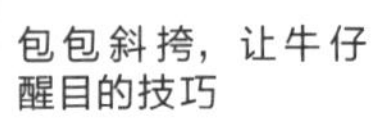

包包斜挎，让牛仔醒目的技巧

即使斜挎，包包的形状也不会让人有幼稚的小孩子感。同色的手饰让人更有意外的惊喜，物有所值。

休闲场合

T 恤：丈夫的
裙：饰梦乐
帽子：Panama hat
披肩：优衣库
手镯：Lavish Gate 手工制作
鞋：匡威

针织衫：无印良品
衬衫：无印良品
牛仔裤：ZARA
项链：Lavish Gate
手表：Daniel Wellington
手镯：CHAN LUU
鞋：ORIENTAL TRAFFIC

在朋友博客里看到一见钟情的包包，品质看上去非常不错的咖啡色，竟然只要 2900 日币左右。可以实现优雅的配搭，也可以小试和牛仔裤、运动鞋相搭，流行感随之而出。

有了咖啡色，其他颜色就无法凸显

不仅仅限于茶色系的小饰物，像这种蛇皮花纹的凉鞋之类及黑色敞口鞋都可以很好地与之搭配。围上披肩，信手拈来的装饰。

小饰物用茶色系，优雅感呼之欲出

和年龄、服装价格完全无关，任何人都可看见的茶色系色调变化。长靴的这种效果，增加了活泼感。

毛衫外套：ZARA
T 恤：无印良品
内穿大背心：（银线）海外旅行购入
裤：优衣库
眼镜：GU
手表：Daniel Wellington
手饰：united bamboo
披肩：Jungle Jungle
靴：Sartore

罩衫：GU
裤：BLISS POINT
披肩：UNFIT femme
手镯：H&M、GU
手饰：GU
凉鞋：Canino

饰梦乐包

浅咖啡两用包

1. 和流行系搭配，意外完美

2. 白领 + 袜子 + 连衣裙是优等生的穿搭

饰梦乐的无带包

3. 横条纹和包包的藏蓝色，是白色裙的点缀

4. 以包包为主搭配的传统穿搭

变化 1

有 Logo 的手袋

手袋，只有与整洁、素雅的服装搭配时，才更显轻松感

虽然是普通的针织衫和牛仔，配上手袋，就有了那份悠闲的流行感。整体上毫无挑剔。学院风的 Logo 的刺绣，增强了自由风的感觉，也可以与优雅的服装搭配。T 恤也一样，为了看上去不廉价，可以选择白色搭藏青色。

1. 稍显流行的穿搭。很有休闲味的 Logo，有没有感到很有艺术感呢？
   针织衫：RAY CASSIN
   裤：ZARA　项链：手工制作
   鞋：FABIO RUSCONI

2. 和连衣裙搭，塑造了老电影中优等生的形象。袜子的穿搭和学院风的 Logo 非常一致。
   连衣裙：RETRO GIRL
   手持外套：GU　鞋：Bellini

3. 超喜欢的蓝色和白色的组合！带 Logo 的包和同色相搭的横条纹是很好的点缀。
   衬衫、围巾：GU　帽子：Panama
   披在肩上的针织衫：优衣库
   鞋：ORiental Traffic

4. 包和衬衫的颜色看上去随意，眼镜增加了传统感，搭白色裤子虽然也不错，但是粉色会更显柔和，更胜一筹。
   衬衫：丈夫的　裤：GAP　眼镜：Zoff
   鞋：FABIO RUSCONI

1. 运动鞋和大手提包搭是绝配

饰梦乐的棉质手提包

2. 豹纹与牛仔裤和大手提包在视觉上有强烈的对比感

棉布手提袋上的素色手帕

3. 素色的印花大手帕是不错的装饰

4. 外侧是带链子的包，手提两只包

变化 2

棉布的大手提包

非常喜欢饰梦乐的 Logo 和小包一起背，也非常不错。

小包大多起装饰作用，如果东西多，那么辅助包就很有必要。很喜欢杂志增刊上的大提包，在饰梦乐发现了非常可爱的棉布大提包，便毫不犹豫地买下了。是那种有可爱的单一色 Logo 的包。包又大，面料也非常好，挂在肩上也非常不错，起着醒目装饰的作用，适合优雅的穿搭。

1. 是工作中跑动比较多时的搭配。棉布大包和运动鞋是绝搭，为了不显得过于休闲，穿搭宽松的黑裤。 毛衫、披肩：优衣库
   裤：earth music& ecology　鞋：匡威

2. 豹纹的上衣和藏青色的裤子搭配，比起黑色更显柔和。棉布大包更增加了休闲的自由感。
   上衣：H&M　牛仔裤：优衣库
   眼镜：H&M　鞋：匡威

3. 成熟的深灰色套装，为了显得不过于朴素单调，素色的印花大手帕是很好的装饰。
   套装：H&M　内穿吊带背心：海外旅行购入　凉鞋：SEE BY CHLOE

4. 和链包一起手提时，要放在和 Logo 相对的一侧。非常喜欢优雅的浅口鞋，使整体不过于随便。
   衬衫：优衣库（儿童）　裤：ZARA
   眼镜：GU　包：海外旅行购入
   鞋：FABIO RUSCONI

我（Yoko）说：

GU 流行的设计
任意一款都不超过 5000 日币
寻找一件搭出今年的流行

GU 必买 Ⅰ

基础休闲装

不必在意脏和破损，不断地穿搭，在价格非常实惠的 GU 寻找

提起 GU，很多人会认为这是面向 10 ~ 30 岁年轻人的品牌。但是 GU 有很多 T 恤、紧腿裤等和年龄流行无关的称为基本款的服装，是其优势。像这样的基本款，买一套可以尽情随意地穿搭，在价格实惠的 GU 购买，不显廉价，可以日常穿搭。在 GU，即使最贵的外衣也不足 5000 日币，价廉物美。路过忍不住就会买。

GU 基本休闲款 喜欢穿搭

适合的 螺纹编织连衣裙

最喜欢的搭配

L·L·Bean 的手提包

衬衫的领口和袖口增加了传统感

衬衫的搭配整体自由轻松。有金属过敏或是家中有小孩子不能带项链的人，建议选这种有宝石领的衬衫。

休闲场合

厚马甲 & 围巾有显瘦 & 干练的效果

厚马甲完全遮住了很在意的腰部。围巾让视线上移，矮个子穿着的手法。

马甲 : GU
围巾 : 妈妈的淘汰品
手表 : CASIO
手镯 : 手工制作
包 : 手工制作
鞋 : MAISON ROUGE

衬衫 : GU
眼镜 : Zoff
手表 : Daniel Wellington
包 : L.L.Bean
围巾 : Jungle Jungle
靴 : L' zutre chose

素雅的连衣裙毛衣，是不管何时都能穿着的万能款。今年流行至膝盖左右的中等长度。用皮带束腰，或是搭配披肩，可以消除连衣裙毛衣腹部的臃肿感。

GU的兰色
连衣裙毛衣

披肩 + 高跟鞋
名流气息?！

披肩让连衣裙更显女人味。单色调的高跟鞋让人看上去高雅，有名流的气息。

正式场合

通过束腰来遮住臃肿的腹部

银色的腰带和项链使整体效果清晰明了。不搭敞口皮鞋，大胆尝试用系带运动鞋形成反差，毫无落伍的穿搭手法。

项链：BLISS POINT
腰带：优衣库
手链：贵和制作所
包：Spick and span
披肩：手工制作
鞋：FABIO RUSCONI

围巾：二手店购入
项链：手工制作
手链：Banana Republic，JUICYROCK
鞋：ORiental TRaffic

GU 基本休闲款

穿搭变化

GU的鲜艳的衬衫

1. 薄面料，让夏季变得更凉爽

2. 外套内若隐若现的不同颜色

3. 鲜艳的衬衫和灰色裤，基础搭配

穿着灰色的紧身牛仔裤

4. 到脚面的长裙搭上打结的衬衫

变化 1

鲜艳的衬衫

秘诀是勇敢的选择「普通」的颜色。因为实惠，可以选择任何颜色！

我想购买各种颜色的披肩，也可使用有色差效果的鲜艳衬衫。在 GU 只要 1500 日元左右一件衬衫，如果喜欢可以毫不犹豫地买足各种颜色。至今还没有穿过的颜色鲜艳的衬衫，如此实惠价格，可以挑战一下。单色的款型并无廉价感，也不必在意和别人撞衫。

1. 在博客读者那里学到的，土黄色和黄色穿搭，非常喜欢。
   裤：ZARA　帽子：idee　眼镜：Zoff
   包，凉鞋：Spick & Span

2. 衣 + 衬衫 +LogoT 恤，是我的基础搭。T 恤的 Logo 与牛仔裤相搭，突出了整体效果。衬衫从内翻出。
   风衣：ANGLOBAL SHOP
   T 恤：丈夫的　牛仔裤：ZARA
   鞋：ORiental Traffic

3. 优雅的颜色鲜艳的服装，往往总是和白色或牛仔裤相搭，灰色竟是意外的相称。
   牛仔裤：H&M
   搭在肩上的毛衫：优衣库
   包：L.L.Bean　鞋：FABIO RUSCONI

4. 到脚裸的长裙，一般搭配的衬衫前襟打结，整体的平衡会很好。运动鞋让人放松。
   裙：饰梦乐　包：atelier EIN　鞋：匡威

GU的军服夹克衫

1. 上下均为牛仔的穿搭，用鞋来增加优雅。

2. 格子衬衫 & 白裤基本穿搭

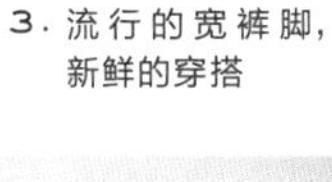

3. 流行的宽裤脚，新鲜的穿搭

ZARA的宽脚裤

4. 简洁上衣，拉长视觉效果，显瘦

变化 2

军衣夹克衫

博客中大受欢迎的服装之一。非常喜欢，百搭。

春初到初秋都能穿的稍厚的棉布面料，能盖住腰部的长度，只要 1490 日币，就能买一件。束腰能划分上下比例，和破洞牛仔裤相搭，更显轻松。与软软的阔脚裤相搭，享受着不协调感，能满足各种穿搭效果。今年也准备尝试一下各种搭配。

1. 军服系列夹克衫和牛仔是非常搭的，但容易显得过于休闲。小尖头高跟鞋增加了女性的成熟感。
衬衫：海外旅行购入 牛仔裤：ZARA
眼镜：GU 包：L.L.Bean
鞋：FABIO RUSCONI

2. 方格花布衬衫和白色裤，任何人都会觉得完美。如果鞋是白色敞口皮鞋的话，那就会给人以轻盈之感。
衬衫：GU（童装） 牛仔裤：优衣库
眼镜：GU 包：MOYNA 鞋：AmiAmi

3. 优雅宽松的阔脚裤，意外的非常完美。毛衫把上下身巧妙划分开来，黑色的小饰物是全身的焦点。
毛衫：优衣库 裤、包：ZARA
鞋：Bellini

4. 和细小的水珠花纹的热裤搭配，具有休闲风的感觉。白色的亚麻衬衫具有透明感。
衬衫：优衣库 热裤：H&M 帽子：idee
包：海外旅行购入 凉鞋：Spick& Span

GU 必买 2

优雅
时尚装

流行设计也很实惠!
不容易看出是廉价商品,
选择简单朴素款式。

在实惠品牌中，能让我们尽早抓住流行的是 GU。找到自己在杂志上看到的想要的设计和差不多效果的实惠服装，对我们来说有很大吸引力。虽说如此，还是不要经常去挑战，选择太过于有个性化的颜色和花纹，看上去会有廉价感的危险。要选择外形和细节的流行，整体要简单朴素的优雅，拥有如此要素的服装不会给人轻浮之感，虽实惠但很雅致。

GU 优雅时尚装 喜欢穿搭

适合的 罩衫 & 背带连体裤

最喜欢的搭配

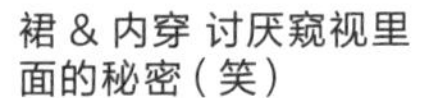

裙 & 内穿 讨厌窥视里面的秘密（笑）

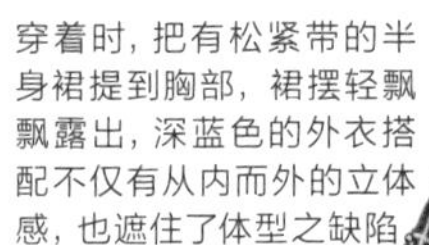

穿着时，把有松紧带的半身裙提到胸部，裙摆轻飘飘露出，深蓝色的外衣搭配不仅有从内而外的立体感，也遮住了体型之缺陷。

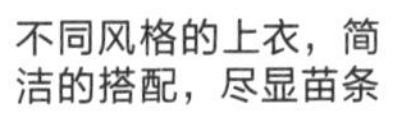

不同风格的上衣，简洁的搭配，尽显苗条

和白格子穿搭，使全身统一成白色。米色用色差作为点缀，具有成人感。

休闲场合 <------------------------------> 正式场合

鞋：优衣库
披肩：UNFIT femme
项链：CHAN LUU
包：Michele & Giovanni
手链：GU、Lavish Gate
鞋：Cole Haan

裙：BLISS POINT
内穿裙子：GU
帽子：Panama hat
手表：Daniel Wellington
手链：GU
包：Spick& Span
凉鞋：beberose

当下流行的格子上衣和到脚裸长度的背带裤，两者都有柔软的面料，这是女人味穿着的要点。大胆地和正统的服装随意穿搭，竟是时下的流行。

裤子作为主打时，其他搭配要超简单

只要裤子有背带的存在，搭配简单的T恤也显十足的时髦感。装饰物也选择简单的，完胜！

柔和米色更显休闲

素雅的米色搭配稍厚的棉横条纹，新鲜感十足。简洁瑟素雅的2个包，看上去很休闲，享受混搭。

针织衫：无印良品
项链：手工制作 agete
手镯：H&M
包：L.L.Bean 海外旅游购入
鞋：海外旅游购入

T恤：无印良品
耳环：友人手工制作
项链：手工制作 agete
包：MOYNA
手表：MOYNA
手链：united bamboo、GU
鞋：二手店购入

GU 优雅时尚装

穿搭变化

1. 仅上衣前襟塞入裙腰，效果完全不同

2. 和茶色非常搭的粉嫩！

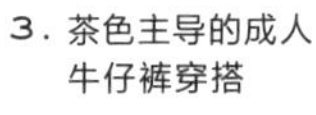

3. 茶色主导的成人牛仔裤穿搭

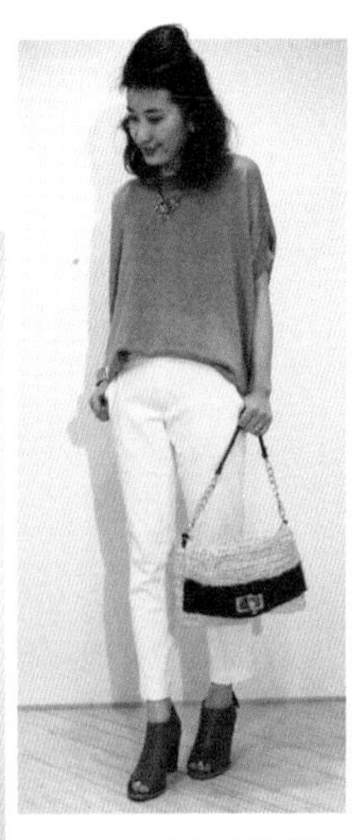

4. 醒目的项链塑造了女人味

变化 1

茶色流行衫

与下装无论如何搭配，都会让人感到流行。向成人推荐。

整体宽松，蝙蝠袖，穿在身上会有自然漂亮的褶皱，在打折时只要 690 日币左右。流行的款式，往往鲜艳花哨的颜色会有幼稚之感。选择素雅颜色是我个人的风格。为了看上去不廉价，没有细小的装饰是首选条件。同款的上衣，我也推荐给稍稍上了年纪的朋友。

1. 仅前襟塞入裙中，好像就变成了不同的服装款型！感觉更有时髦感。
   裙：GU 眼镜：杂货店购入 手镯：H&M
   包：饰梦乐 鞋：FABIO RUSCONI

2. 毫无疑问淡色与下装相搭。其中非常喜欢和粉嫩色穿搭的效果。温柔的女性感是十足的魅力所在。
   裤：GAP 包：Michele & Giovanni Bertini
   项链：手工制作 眼镜：杂货店购入
   凉鞋：Carino

3. 上衣的质感和瘦脚牛仔裤穿搭非常吻合。连小饰物、手表带都是茶色系的，非常统一。
   牛仔裤：优衣库 帽子：Panama hat
   手表：别人送的 包：MICHEL Beaudouin
   鞋：ORiental Traffic

4. 亮闪闪抢眼的项链也只有茶色才能与之相称。全身的颜色很少，这样的穿搭不会有劣质感。
   裤：优衣库 项链：Lavish Gate
   包：Spick &Span 鞋：COLE HAAN

1. 穿搭男性化毛衫，显男性化

2. 旧衬衫带来不一样的表情

3. 女人味十足的上衣更显休闲

4. 上衣的条纹让人相当地自然放松

变化 2

黑色背带裤

身边的简单款上衣，就可以完成当下流行的穿搭。高腰款型也魅力十足。

在单身时花了1990日币购买了一件有瑕疵的黑色背带裤。要点是具成人风格裤腿渐窄，背带可以拿下。能够变成一般的高腰裤就会有很好的搭配效果，发挥两倍的作用。有背带就会有强烈的视觉感，上衣只要简单素雅，小清新的穿着多为常见。

1. 借了丈夫的毛衫。男性化表现为颈部收紧，更显背带带来的休闲放松感。用围巾调节颜色。
毛衫：丈夫的　围巾：Wild Lily
手镯：H&M　包：ZARA　鞋：Bellini

2. 衬衫是好几年前买的一般长条纹。因背带的存在，整个效果而显得流行、生动。勇敢尝试竹筐包带来的视觉对比。
衬衫：优衣库　眼镜：杂货店购入
包：atelier EIN　鞋：FABIO RUSCONI

3. 男性化的背带裤与素雅的上衣相配，大大提升了女人味。
罩衫：ZARA　帽子：Panama hat
项链：BLISS POINT　包：海外旅行购入

4. 非常完美合适的条纹毛衫，让休闲放松有背带的裤子不会过于性感。横条纹成为焦点，增加了流行感。
毛衫：优衣库　眼镜：Zoff　包：饰梦乐
披肩：Jungle Jungle　靴：L'autre chose

我（Yoko）说：

无印良品质量好

百看不厌

寻找正统的百搭元素

无印良品必买

衬衫

可爱的水洗棉衬衫
色、形都是极好的百搭。

无印良品在实惠品牌中虽然价格稍贵，但是其面料材质好，可以长期使用，性价比极高。我推荐的是衬衫。其中水洗棉衬衫，大约在 2 年前，无印良品周的时候 2000 日币左右买入以来，作为正式服装起着很大的作用。前一段时间，发现了和旧款不同的圆下摆的水洗棉衬衫。穿搭更显多样化！其中还有彩色格子衬衫！

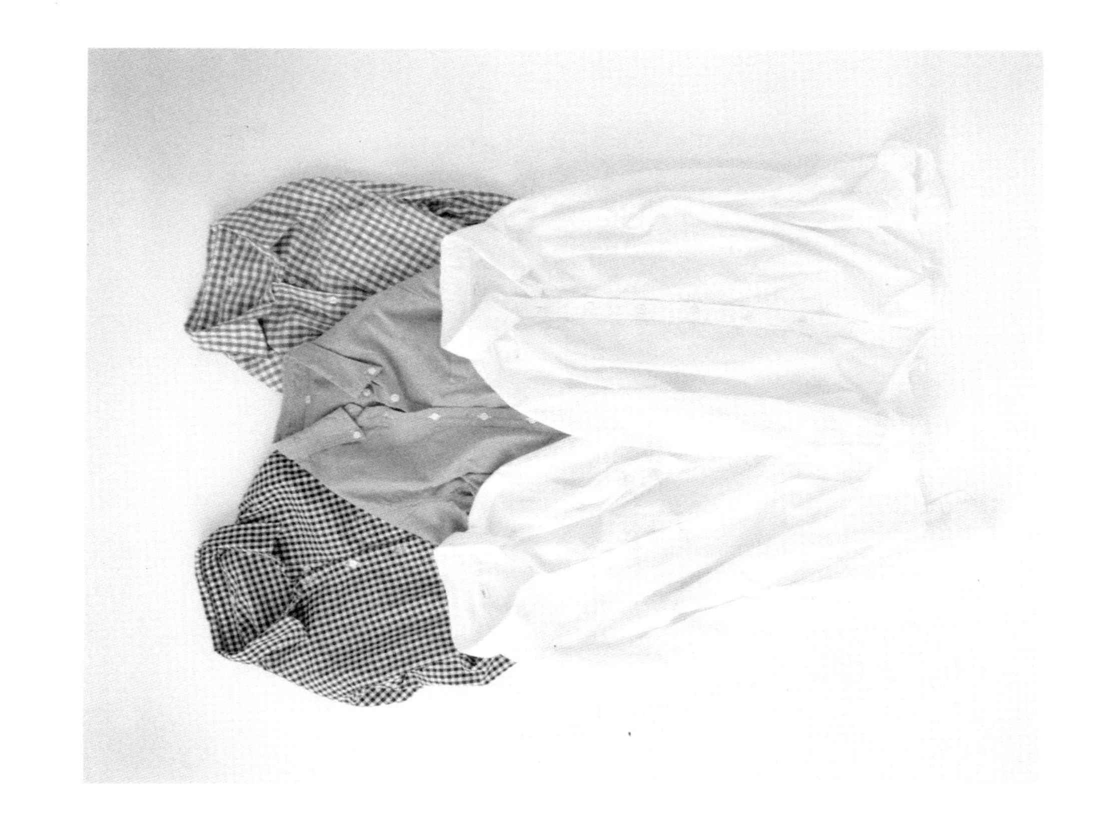

无印良品衬衫 喜欢的穿搭

适合的 水洗棉圆下摆衬衫

最喜欢的搭配

圆下摆衬衫，成人都可以胜任的可爱穿搭

至今为止都是搭配一般款的衬衫，圆下摆却给人微微的可爱小女孩感。卷起袖管露出手腕，是凸显女人味的秘诀。

休闲场合

独特的清爽感，色彩感强的下装

往往给人花哨之感的具有强烈冲击感的色彩，和传统感的衬衫穿搭带来的清爽感是穿搭秘诀。大的项链与之相搭也极其协调。

系在肩上的上衣：H&M
裤：优衣库
帽子：Panama hat
包：GU
腰带：GU
鞋：匡威

短裤：优衣库
项链：Lavish Gate
披肩：优衣库
腰带：优衣库
包：Spick &Span
眼镜：Spick &Span

发现大爱的是一款圆下摆的水洗棉衬衫。圆下摆有古典而又可爱的味道，比以往的穿搭更易显效果。和流行的豪华系项链穿搭，非常满足。

上下黑的素雅穿搭 轻松完成

因为是圆下摆，就不会像一般衬衫容易有清晰的线条，很有女人味。茶色的小装饰物给人以清爽的印象。

正装给人以古典的印象

在简洁的连衣裙上搭配圆下摆的白色衬衫，非常给力，具有古典的气息。白色高光点效果让脸部变得明亮，给人以好感。

连衣裙：retro girl
项链：手工制作
手链：Lavish Gate
紧身裤：copo
披肩：妈妈的淘汰品
包：GU
鞋：BELLINI

毛衫：优衣库
裙：GU
项链：BLISS POINT
围巾：Jungle Jungle
包：饰梦乐
鞋：ORiental Traffic

无印良品水洗棉衬衫

变化穿搭

无印良品的
牛仔夹克

1. 用衬衫来缓和牛仔与牛仔搭配的冲击感

2. 内穿的灰色打底衣作为点缀

穿着饰梦乐的
紧身裤

3. 塞入侧面的下摆，显老练成熟

4. 和裙穿搭不会成为OL风格

变化 1

单穿的效果

能发挥作用的是具有透明感的纯白色和理想的张力和款型。

我的基础款是水洗棉衬衫，由于领口和下摆宽度都很适中，所以身材无论过胖还是过瘦，只要简单的穿一件衬衫，看上去就足够可爱。下身即使与朴素的颜色搭配，也可感觉到毫不俗气的纯白魅力。适度的张力，下摆撑开而宽松，以至微小的细节都完美改善，是其魅力所在。

1. 流行的牛仔配牛仔。小试内穿衬衫，貌似毫无违和感的成功。
牛仔服：无印良品　牛仔裤：优衣库
包：MOYNA　手镯：GU CHAN LUU
鞋：二手店买入

2. 一半纽扣不系，能完全看见内衣，享受只有张力面料能带来的穿搭效果。
内穿大背心：优衣库　裤：GAP
包：atelier EIN　披肩：优衣库　鞋：匡威

3. 衬衫配黑体紧身裤，极其简洁的穿搭。衬衫的下摆仅一侧塞入裤中，尽显恰到的老练成熟，很有流行感。
裤，包：饰梦乐　眼镜：杂货店购入
手镯：CHAN LUU
鞋：ORiental Traffic

4. 紧身裙和衬衫穿搭 是时下的流行。为了不过于拘谨呆板，加入了游戏味道的包和腰带。
裙，腰带：优衣库　包：ZARA
鞋：FABIO RUSCONI

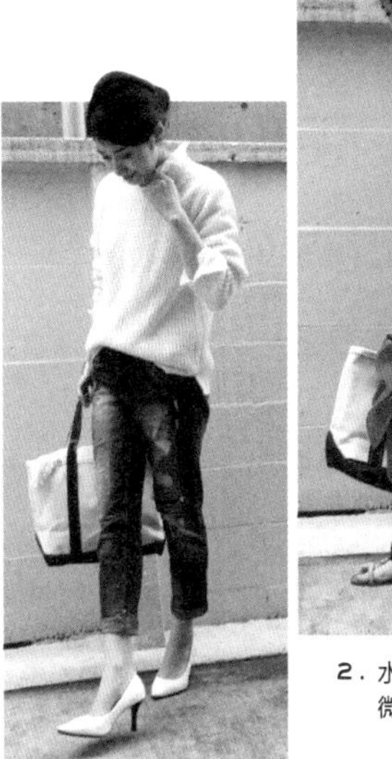

1. 象牙白的针织衫和衬衫的白色呈现层次感

2. 水洗效果的质感，微妙的不同

3. 白色的下摆是横条纹的装饰

4. 阔腿裤更显流行感

变化 2

叠穿搭的效果

从毛衫中隐约可见衣领、下摆、袖口的白色，可以作为点缀。

如果脸周围是白色，那么就会让人有开朗的感觉，白色衬衫经常作为点缀而叠穿。从叠穿的上衣中如果不露出下摆，那么衬衫就没有点缀的作用；如果过多露出，就会破坏平衡感。和现有的毛衫或是上衣叠穿搭配，下摆露出仅能看见的巧妙长度是衬衫的首选条件。只要如此，衬衫就可充分利用。

1. 毛衫的象牙白和衬衫的纯白形成层次感。每次穿搭毛衫都要把前面塞进裤中，这是略显成熟的秘诀。
   毛衫：优衣库　牛仔裤：ZARA
   包：L.L.Bean　鞋：AmiAmi

2. 藏青色的对襟毛衫，与衬衫的水洗之感，更显独特风格。袖口随意高卷是要点。
   对襟毛衫：H&M　裤：BLISS POINT
   帽子：Panama hat　包：L.L.Bean
   眼镜：海外旅行购入

3. 平日的横条纹上衣和衬衫叠穿，却有不一样的表情。用与平日不一样的小饰物，制造视觉冲击感。
   针织衫，裤：优衣库　眼镜：杂货店购入 包：饰梦乐　鞋：BELLINI

4. 流行的阔腿裤非常协调！小饰物也统一白色，给人古典之感。
   裤：GU　背心：LOWRYS FARM
   手镯：H&M 包：ZARA　鞋：AmiAmi

我（Yoko）说：

ZARA
看准打折季
寻找搭配要素

ZARA 必买

色彩 &
款式

少量精选的购买给我们带来稍显个性穿搭的服饰

无意间经常会素雅色无花纹穿搭的我，为了摆脱这种穿搭，我在 ZARA 寻找我想要的颜色和花纹。ZARA 可以反映海外最先流行品牌的流行趋势，也是国内品牌没有的流行款的颜色和设计。虽说如此，和其他实惠品牌相比，价格稍高。因此，在这里不要买基础款，看准打折季，仅仅购买那些与现有衣服能穿搭的更显时髦流行的服饰。

ZARA 印花元素 喜欢穿搭

适合的 花色超短裤

最喜欢的搭配

无论何种花色
白色衬衫总是完美的

无论下装的花色如何，白色衬衫都是百搭。优雅的花纹，与沙滩上的凉拖鞋搭，完美的自由风。

乐享活泼与沉稳的平衡

（裤）花纹中有上衣中的一点点粉色。上衣选择沉稳的颜色，给人成熟之感。

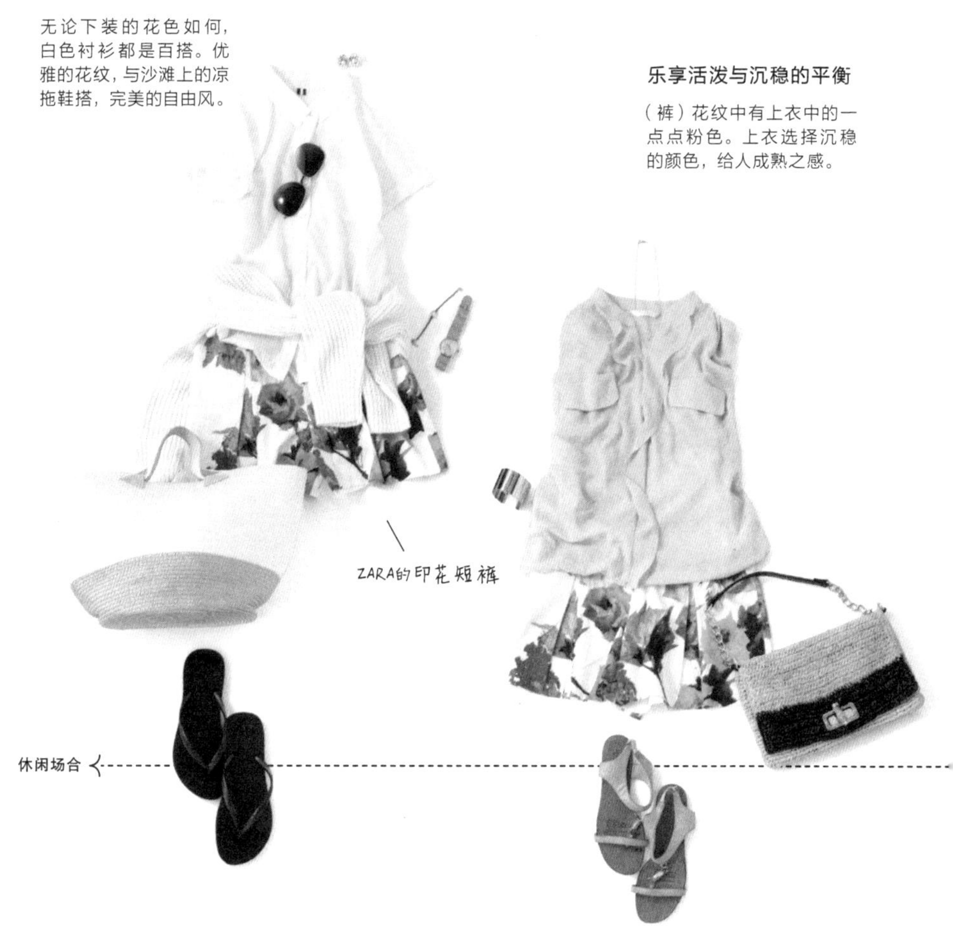

衬衫：GU
腰间系毛衫：优衣库
耳环：友人手工制作
眼镜：GU
手表：SEIKO
手链：JUICY ROCK
包：Giovanni Bertini
凉鞋：HAVAIANAS

罩衫：海外旅行购入
项链：Agete
手镯：H&M
包：Spick&Span
凉鞋：海外旅行购入

像水彩画一样的进口印花布，做成有花纹的短裤。在夏天很想尝试穿着这种活力四射的颜色，单色的下装虽然不错，但是花色的下装意外的很好搭配。

牛仔上衣带来成熟之感

休闲风的牛仔上衣搭配优雅花色的下装，魔幻的感觉！选择有花纹中颜色的鞋和包，风雅别致。

双色上衣给人耳目一新的感觉

印花的超短裤和黑色上衣是基础搭，但是和双色上衣穿搭更胜一筹。宽松的蝙蝠衫，款型及穿着效果极佳。

上衣：西友
项链：手工制作
手镯：GU
包：MODALU
鞋：PELLICO

上衣：BLISS POINT
耳环：Spick & Span
项链：BLISS POINT
手镯：GU
包：海外旅行购入
凉鞋：Spick&Span

ZARA 色彩与款式

穿搭变化

ZARA的黄色外衣

1. 用下摆的内塞外露来调整下装

2. 紧腰宽松式裙显现苗条身材

3. 轻松的穿搭，优雅无处不在

4. 白色与艳色，毫无疑问的协调

变化 1

具有生机感颜色的上装

我的穿搭中少有的颜色，选用全新的金黄色！冒险而正确

极具视觉冲击力的鲜艳上衣，打折时2000日币左右买的，已经是最低的价格了，想着要不要去冒险买买看。清爽的薄面料，穿套衫的感觉。不是无袖，而是貌似连肩袖并有短短的带子，非常喜欢。很可爱，作为配色也能使用，彻底改变了造型。

1. 和款型稍瘦的短裤穿搭，露出下摆，可以遮挡腰部。隐约可见灰色的圆领背心的下摆从里面露出。
   短裤：ANGLOBAL SHOP
   包：ZARA　鞋：FABIO RUSCONI

2. 和色差较大的裙穿搭。因为下身是紧身的，上身宽松并收腰，优雅感随之而出。
   裙：BLISS POINT　手表：SEIKO
   包：MOYNA　鞋：PELLICO

3. 和亚麻裤的轻松穿搭。脚下勃肯凉拖完美的优雅来自于金黄色的效果。
   裤：优衣库（IDLF）　包：atelier EIN
   披肩：UNFIT femme
   凉鞋：BIRKENSTOCK

4. 犹豫着选择与鲜艳色彩上衣穿搭的下装时，毫无疑问选择白色，没有失败的担心。白色腰带也很协调，黑色的包和手表是全身的焦点。
   裤：Kastane　腰带：GU
   手表：Daniel Wellington
   包：妈妈淘汰的　鞋：匡威

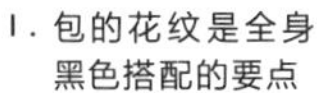

1. 包的花纹是全身
黑色搭配的要点

我最爱，
白色的搭配

2. 白色和白色的穿搭，
用花色包毫无挑剔

3. 灰色搭配的柔和
颜色差

ZARA的花纹色

4. 包的颜色让服装
再现统一协调

变化 2

有个性花纹的包

日本的实惠品牌中难以找到如此有视觉冲击感花纹的包，对其一见钟情

怕冒险的我难得喜欢印花纹的大包，非常有存在感，是服装的基础搭配，只要搭配这样一只包，就会有十足的流行感，有别于往日的穿搭，非常实用。突出的花纹，以茶色和黑色为基调，意外地非常协调，有画龙点睛之作用。

1. 黑色 + 黑色，是我的基础搭配。在全黑中，衬托出包的花纹之美。
   上衣：raycassin 裙：H&M
   手表：Daniel Wellington
   手镯：H&M 鞋：PELLICO

2. 全身上下都是黑，虽然也不错，夏天的话还是喜欢白与白的搭配，配上花纹包，无可挑剔。
   上衣：ZARA 裤：无印良品
   项链：CHAN LUU 手链：GU，Lavish Gate 鞋：ORiental TRaffic

3. 灰色配黑色小饰物的情况好像比较多。但还是建议要用让氛围更温和的色差系。LogoT 恤 + 花纹包让人眼前一亮。
   外套，牛仔裤：H&M T 恤：ZARA
   靴：L' autre chose

4. 以花纹包为主的搭配。带有花纹的米色、棕色和黑色与藏蓝色搭配，协调统一了全身，毫无杂乱之感。
   毛衫：ANGLOBAL SHOP
   裤：GU 项链：手工制作
   手表：别人送的 鞋：Cole Haan

我(Yoko)说:

H&M
享受与海外
流行元素的邂逅

H&M 必买

异域风
上衣

有国外大牌、
豪华之感的上衣
让穿搭别具风格

在 H&M 我首先印入脑海的是:有海外风情的人穿着优雅的上衣。特别是人造丝棉等很有质感的面料上使用蕾丝的上衣，非常飘逸洒脱。只有大品牌才有的设计，彰显着豪华的味道，在不想穿那么多衣服的季节非常实用。店面上有很多过季的服饰，虽然不能马上就穿，但是如果找到了喜欢的设计，购入，准备着和其他服装搭配吧。

H&M 异域风上衣 喜欢穿搭

适合的 A 字型 5 分袖上衣

最喜欢的搭配

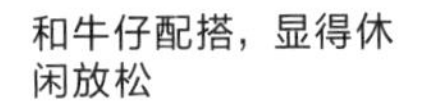

和牛仔配搭，显得休闲放松

手感极佳的上衣面料，和牛仔短裤搭配，极其和谐。下摆即使稍稍塞进，也会保持 A 字型的可爱的小女孩装！

休闲场合

用有暧昧效果的小饰物增加效果

令人愉悦的白 + 嫩粉组合，要通过小饰物来调节。散乱流苏的包包和蛇皮花纹的凉鞋让人倍感异域味道。

外超短裤：Spick&Span
披肩：UNFIT femme
手表：Daniel Wellington
包：优衣库
凉鞋：BIRKENSTOCK

裙：H&M
项链：CHAN LUU 手工制作 agete
包：GIRLS EGG
手镯：H&M
凉鞋：carino

流行的 A 字型的上衣仅仅单穿也足够可爱，即使是与基础款的下装搭配，虽说是简单朴素，也会带来季节性的平衡感。因协调的小饰物味道会随之改变白色的罩衫造型，每年会购买一些流行款的小饰物。

A 字型线条的威力，
更显雅致色彩的华丽

全身统一的白色，和茶色系小饰物相搭，是我的基础穿搭。虽然与优雅色调相搭配，A 字型上装看上去精致，并没有上年纪的感觉。

即使是商务系却给人
以优雅的印象

工作场合，笔挺的免烫裤子效果最好。严肃中透着优雅，只有这种免烫面料才有的效果。

披在肩上的毛衫：ANGLOBAL SHOP
裤：URBAN RESEARCH ROSSO
耳环：GU
手表：Daniel Wellington
手链：GU
包：MARCO MASI
眼镜：GU
鞋：Cole Haan

裤：H&M
耳环：Spick&Span
手表：Daniel Wellington
手链：Lavish Gate
围巾：Wild Lily
包：MODALU
眼镜：GU
鞋：FABIO RUSCONI

H&M 异域风上衣

喜欢穿搭

1. 最大程度地利用吸汗裤，显成熟感

穿着漂洗过的紧身牛仔裤

2. 即使上衣的颜色单一朴素，但是由于蕾丝的装饰，整体不过于单调，有独特的味道

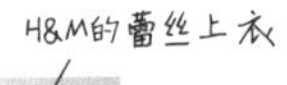

H&M的蕾丝上衣

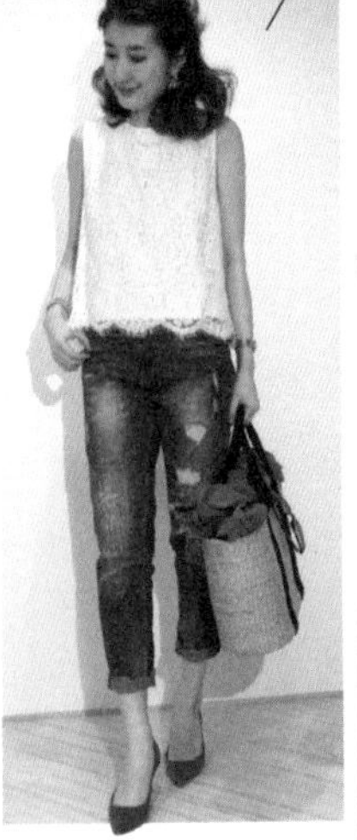

3. 即使和破洞牛仔裤穿搭，也显雅致

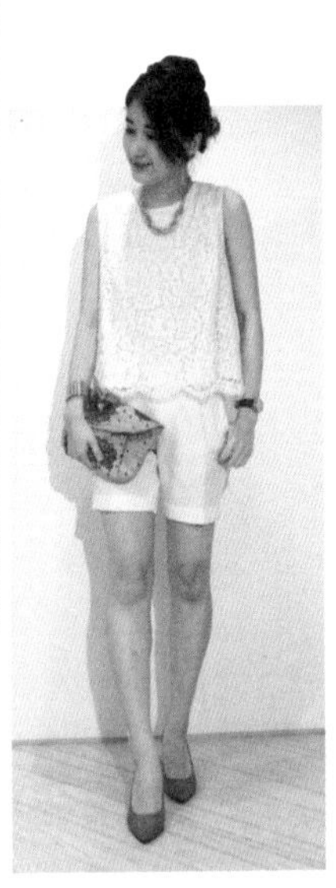

4. 白色的搭配，给人柔和的感觉

变化 1

全蕾丝无袖

有相当的存在感，大胆随意和休闲混搭是我的风格。

实惠品牌的蕾丝，因看上去廉价对其敬而远之，这款是因喜欢下摆的线条而购入的，好像是3000日币左右。全蕾丝的甜美设计，有女人味的裙相搭，无论怎么看都有十足的少女气息，还喜欢与牛仔、吸汗裤等休闲风的下装大胆搭配。

1. 全蕾丝的豪华感，和室内穿的吸汗裤穿搭，效果绝好。
   裤：优衣库　项链：CHAN LUU
   包：MARCO MASI
   鞋：Pretty Ballerinas

2. 和紧身裙相搭，为了看上去不过于有保守倾向，用帽子和运动鞋来增加休闲感，简单、和谐。
   裙：H&M　帽子：Panama hat
   包：L.L.Bean　印花大手帕：饰梦乐
   鞋：匡威

3. 蕾丝的素雅感降低了休闲味道，感觉贴身稍有不足。选择有复古风的破洞牛仔裤搭。
   牛仔裤：ZARA　包：atelier EIN
   鞋：二手店购入

4. 我的基础穿搭款白＋白。蕾丝的质感和柔和的茶色，缔造女人味的印象。
   短裤：优衣库　项链：Lattice
   包：MOYNA　手镯：H&M
   鞋：ORiental Traffic

H&M的
豹纹图案上衣

1. 棉麻的豹纹，质量上乘，极好穿

2. 背带的休闲混搭风

3. 眼镜与短外套的搭配显异域风

4. 全身米色系的协调，豹纹是主导

变化 2

豹纹印花罩衫

有花哨感的豹纹，如果花色面积小，很容易穿搭！

让人感到流行感、很漂亮的豹纹罩衫无需叠穿，只需单穿就超方便。豹纹无袖又小巧，给视觉的冲击感恰到好处。这种干爽舒服的薄面料，与紧身装或短裤穿搭，非常可爱，如把下摆收紧成紧腰宽胸式更别有一番味道。

1. 和阔腿裤穿搭，有成人感。豹纹 + 棉麻，意外协调，上档次，大爱。
裤：BLISS POINT　包：atelier EIN
披肩：UNFIT femme
鞋：FABIO RUSCONI
手镯：Lavish Gate

2. 豹纹时常成为性感的搭配，采用背带降低了休闲感。敞口皮鞋的红色效果很明显。裤：优衣库　背带：Lavish Gate
包：海外旅行购入　鞋：二手店购入

3. 军衣和豹纹是绝搭！有视觉冲击感的流苏包，具有海外风情
外套：GU　短裤：优衣库　眼镜：GU
包：Girls egg　凉鞋：Spick&Span

4. 豹纹中的米色与裙子的颜色统一协调。小饰物也用同色系来协调，花纹也随之醒目。
裙：ZARA　内穿绢网裙：饰梦乐
手镯：united bamboo　包：饰梦乐
鞋：Cole Haan

专栏1

雨天的穿搭

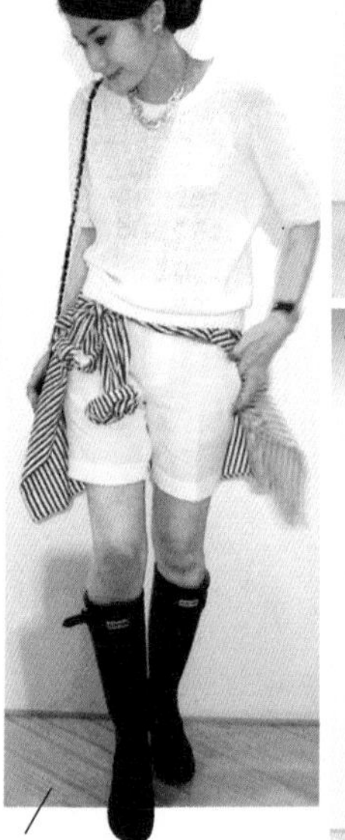

在有点雨的忧郁的日子里，只要有喜欢的时髦雨鞋，毫无疑问感觉很时尚。我享受着 Hunter 雨靴和橡筋短靴为主的穿搭。

1. 斜挎链包，手提的水珠图案的尼龙包作为装饰，非常简单，是在一个叫 ako 设计的网店购买的环保袋，相当大，有很强的视觉效果。

2. 阴暗的雨天，上下白色会让人变得明亮！短裤的话就完全不用担心沾染泥水。Hunter 雨靴（英国老牌雨靴）是朋友转让给我的。前面的 Logo 和侧面的皮带毫无廉价感。

3. 把紧腿牛仔裤穿进雨靴，即使倾盆大雨也不用担心。简单的穿搭的要点是：宽边帽和有存在感的围巾，作为点缀。

4. 小雨天，穿着合成革无扣无带的便鞋就可以出门了。这是海外旅行时买的。连帽衣是丈夫的，NORTH FACE 的品牌（美国品牌），领口、袖口与头巾可以一下子系紧。

5. 雨靴是黑色的橡筋类型，在叫做 MSS 的网店 5000 日币买的。休闲的彩色裤也好，长度到腿肚有女人味的裙子也好，这款雨靴都极好搭，而且非常轻，不累！

PART 2 TWO

横条纹针织衫·衬衫·紧身裙·彩色裤

超基础款的穿搭对比

因为横条纹针织衫，衬衫等是基础款，所以很容易购买，有没有过穿着不合适的感觉呢？即使是正统装，也会因体型和穿搭的不同而有不同的感觉。因此要用心选择基础款的面料、颜色与款式。请大家一定要选择适合自己的真正的基础款！

横条纹针织衫的着装搭配

几件都不多
紧跟流行购置齐全

我推荐以下 3 款

1

穿一件的话

细条象牙白 + 藏蓝横条纹

想单件穿而要有清爽的感觉，推荐细条纹针织衫。选择比贴身较宽松的尺码，可以全部塞入下装，也可以仅前襟塞入，有多种穿搭的选择。

优衣库　横条纹针织衫　¥1500（日元）

2

要有流行感的话

带小裙摆装饰

如果下次要买基础款的话，流行的带小裙摆装饰的怎么样？无论下装如何，都能突出线条，遮住了在意的臀部，适合任何体型，有意外的效果。

GU　小裙摆横条纹针织衫　¥990（日元）

3

形体套子

宽幅中规中矩型

长度短而幅度宽的款型，因为可以罩住身体，不会突出身体的曲线。裤子无论瘦肥都能与之非常适合地穿搭，不适合与短外套叠穿，如穿搭塞入的衬衫，形象会大有改变。

海外旅行购入 ¥3000（日元）

细条象牙白 + 藏蓝横条纹 穿搭变化

NAVY × WHITE

简单，所以喜欢叠穿

毫无点缀感的、合身的横条纹，穿在短外套里非常协调。皮革夹克和敞口皮鞋，更显流行。

把下摆塞入裙内与裙的平衡感带来的素雅

把下摆塞入下装，利落的穿搭很显瘦。长达腿肚中间的裙子，相当简洁素雅。

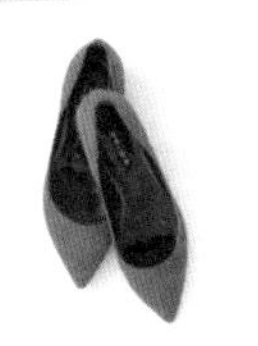

比起紧身牛仔，建议男式宽松的裤子

舒适感的上衣，比起紧身裤，稍稍宽松的牛仔更适合与之穿搭，有很好的平衡感。全身的颜色要尽量少，才显清爽。

皮夹克：海外旅行购入
裤：优衣库
项链：BLISS POINT
手镯：GU, 手工制作
披肩：FalieroSarti
包：ZARA
鞋：二手店购入（500 日币）

裙：ZARA
项链：手工制作
包：GU
披肩：UNFIT femme
手镯：Spick and Span
鞋:海外旅行购入 （3000 日币）

裤：优衣库
内穿上衣：H&M
项链：手工制作
手表：Daniel Wellington
手镯：JUICY ROCK
包：饰梦乐
鞋：匡威

带小裙摆装饰 穿搭变化

PEPLUM WAIST

2

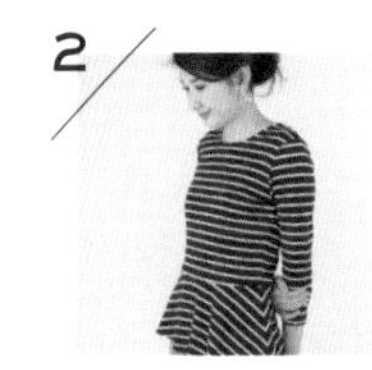

小裙摆 + 裤线熨烫（裤）恰到好处的休闲感

和易于有古板印象的裤线熨烫裤相搭，竟也自如。即使是无扣鞋也不会过于随便，这是小裙摆的功劳！

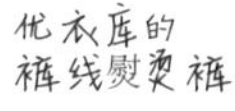

稍显成人味的横条纹穿搭

具有休闲感的紧身裙竟有如此成熟的味道。腰部也被小下摆盖住。

健康穿搭不失少女气息

短裤的穿搭，增添了女人味，非常有朝气，并不显得过于放松，有优雅感的休闲风。

裙：BLISS POINT
项链：Lavish Gate
手表：别人送的
手镯：Banana Republic
包：饰梦乐
鞋：Cole Haan

裤：优衣库
项链：手工制作
包：饰梦乐
披肩：LAPIS LUCH PER BEMS
手镯：Lavish Gate，贵和制作所
鞋：Cole Haan

短裤：优衣库
披在肩上的外套：优衣库
帽子：优衣库
手镯：GU 手工制作
包：GU
围巾：二手店买入
鞋：FABIO RUSCONI

宽松中规中矩形 穿搭变化

SQUARE FORM

和衬衫叠穿因为宽松穿着舒适

即使和厚牛仔衬衫叠穿，也并不会感到瘦小。大胆尝试女人味的裙装，享受其带来的优雅。

阔腿裤毫无沉闷感

上衣如果越短，阔腿裤越没有沉重感。红色敞口鞋和挂在包上的针织衫带来的三色搭配效果。

与紧身裤如此搭配，看上去协调清爽

“上宽下窄”，是绝佳的平衡。腰间有赘肉的人，可以把下摆塞进裤内，这样看起来显瘦。

衬衫：海外旅行购入（900 日币）
裙：GU
项链：BEAMS
手表：Daniel Wellington
手镯：Lavish Gate
包：L.LBean
袜子：UNITED ARROWS
鞋：bellini

假领：手头的连衣裙附件
项链：手工制作
手镯：GU. 贵和制作所
包：Spick and Span
包上搭的上衣：ZARA
鞋：二手店购入（500 日币）

裤：优衣库
耳环：H&M
眼镜：杂货店购入
手表：Daniel Wellington
手镯：GU 手工制作
包：GU
围巾：UNFIT femme
鞋：FABIO RUSCONI

衬衫的着装搭配

因穿搭不同，非常实用的衬衫有其微妙的不同之处。

我推荐以下 3 款

1

增加华丽感

带有细皱褶的衬衫

喜欢优雅穿搭，故推荐有细皱褶的华丽款。有着一般的衬衫所没有的存在感比较细腻，蕴含着知性美。为了不过于素雅，用小饰物点缀显示随意自由。

优衣库 高级混合细皱褶衬衫 （2990 日元）

2

盛夏也能穿

亚麻衬衫

水洗皱折的自然状态是麻面料的魅力所在。和无袖叠穿享受其透明感，围在腰间增加色差，是夏天穿搭绝妙的装饰，力荐。

优衣库（3000 左右日币）

3

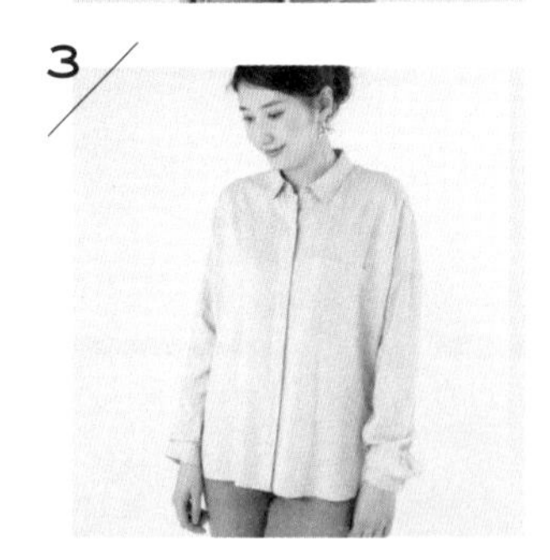

优雅感

彩色府绸棉衬衫

和白色相比给人以柔和的彩色衬衫。府绸棉有着微弱的光泽和柔和的手感，上演了女人味成熟的一幕。肩部蝙蝠袖款型，毫无古板感，是时下的流行。

GU 蝙蝠袖衬衫（1990 日币）

带有细皱褶的衬衫 穿搭变化

PINTUCK SHIRT

艳丽的小饰物让品味提高

金色的腰带和红色的敞口皮鞋，具有强烈的视觉冲击力，可作为小饰物，与细皱褶衬衫相搭，完美。宝石项链更显熠熠生辉。

与蓝色相搭，比竖条纹相搭更显冷静

褶皱和细纹面料裤子的竖条纹给人很清爽干练之感，脚下是随意的运动鞋。

黑裙参加 party 也没问题

随叫随到的黑色 + 白色的穿搭，如果不想太显沉重的话，就用横条袜来诙谐地制造一下不协调感。

披在身上的毛衫：NOMBRE IMPAIR
裤：IENA
腰带：BEAMS
耳环：Daniel Wellington
手镯：Spick and Span
包：海外旅行购入
鞋：匡威

裤：优衣库
项链：Lavish Gate
腰带：优衣库
手表：Daniel wellington
手镯：BANANA REPUBLIC
包：饰梦乐
披肩：Altea
鞋：二手店购入（500 日币）

项链：BEAMS
披肩：Faliero Sarti
包：GU
手镯：Lavish Gate
袜子：袜子店
鞋：FABIO RUSCONI

亚麻衬衫 穿搭变化

LINEN SHIRT

2

色调渐进的清爽穿搭

系在腰间白色的对襟毛衫，毫无疑问增加了清凉感。进入空调房还可以披在肩上，一举两得。

利用麻的穿透感，用内穿背心制造色差

长裙上的衬衫下摆打结。具有透明感的亚麻，透出内穿的圆领背心的颜色，给人明快之感。

用打底衫，既简便轻松，又富女人味

下摆专用的扣眼和下摆的形状，呈休闲风。麻独特的自然皱褶是其迷人之处。

内穿背心：MARGARET HOWELL
MARGARET HOWELL
裙：饰梦乐
耳环：GU
包：海外旅行购入（1400日币）
披肩：优衣库
手镯：H&M
凉鞋：Carino

衬衫：无印良品
内穿背心：GU
短裤：Forte Forte
眼镜：Zoff
耳环：H&M
项链：Atelier el
包：GU
手链：贵和制作所、GU
凉鞋：勃肯（BIRKENSTOCK）

内穿背心：DRESSTERIOR
裤：ZARA
耳环：贵和制造所
项链：agete
手镯：GU、BANANA REPUBLIC
包：MARCO MASI
眼镜：GU
披肩：LAPIS HUCE PER BEAMS
鞋：二手店购（500日币）

亚麻衬衫 穿搭变化

COLOR SHIRT

3

背带裤显成人感

正是因为有女人味的衬衫，才能尽享和简单随意的裤子穿搭带来的不协调感。小饰物是女人味的要素之一。

GU的蝙蝠袖衬衫

手感柔和简单随意的女人味

好感度高的浅蓝 + 藏蓝组合，推荐给上班族。假日里穿上匡威运动鞋，享受简单随意。

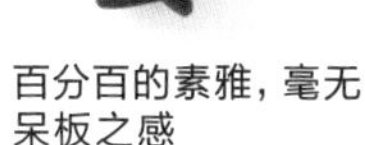

百分百的素雅，毫无呆板之感

衬衫外其他都用黑色来统一，没有白衬衫般的正式感，给人以温柔之感。短靴和裙之间的肤色也是点缀。

裤 : BLISS POINT
项链 : 手工制作
腰带 : GU
手表 : 送的
手镯 : 手工制作
包 : Michele & Giovanni
围巾 : 二手店购入
鞋 : 匡威

裤 : RCWB
耳环 : Anton Heunis
项链 : Atelier el
手镯 : CHAN LUU
手表 : Daniel Wellington
包 : MOYNA
鞋 : ORiental TRaffic

裙 : 优衣库
耳环 : Spick and Span
项链 : BEAMS
手表 : 送的
手镯 : GU 手工制作
包 : 海外旅行购入
靴 : L' autre chose

紧身裙的着装搭配

如果厌倦了基础款的单一色，试试下面显现个性带条纹的着装！

我推荐以下 3 款

1

如果想流行

侧面条纹款

无论和什么样的上衣穿搭，都能增加帅气的时髦感。因为粗条的侧面竖条被强调，适合大腿和腰瘦的人穿着。

优衣库紧身裙（1990 日元）

2

如果喜欢简便轻松

粗横条款

即使是单色调的上衣穿搭，也会更显简便轻松之感。基础款的黑 + 白虽然不错，选择简便轻松的、色彩相搭效果更好的灰色。

优衣库紧身裙（1990 日元）

3

如果是个性派

多横条款

同样是横条。如果是无规则的多横条纹，一下子就会有成人（成熟）的味道。虽然穿搭的难度提高了，但是与众不同的个性之处是魅力所在。

GU 无规则紧身裙（1490 日元）

侧面条纹款 穿搭变化

WHITE LINE STYLE

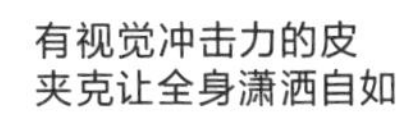

有视觉冲击力的皮夹克让全身潇洒自如

竖条纹潇洒的感觉和皮夹克非常和谐。为了不过于坚硬之感，脚下的运动鞋给人以轻松之感。

外侧线条的存在感映射出简洁的搭配

素色、紧身，过于简洁的穿搭，让我们看到边缘线。金黄色更显流行。

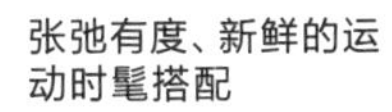

张弛有度、新鲜的运动时髦搭配

和厚马甲穿搭让人眼前一亮，有着时髦的运动身姿。由于线条的作用，并无马甲的膨胀之感，张弛有度，留下好印象。

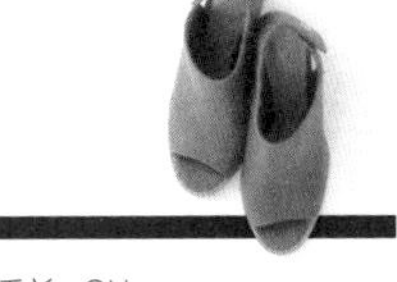

毛衫：GU
项链：Lattice
包:海外旅行购入（1400日元）
鞋：Cole Haan

皮夹克：海外旅行购入
内穿T恤：无印良品
披肩：Wild Lily
手镯：手工制作
包：ZARA
鞋：二手店购入

厚马甲：GAP
T恤：无印良品
项链：BEAMS
手表：Daniel Wellington
手镯：GU
包：L.L.Bean
鞋：bellini

粗横条款 穿搭变化

BORDER SKIRT

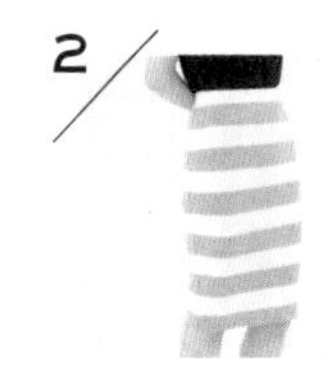

随意的重叠有立体感的穿搭

粉嫩的毛衫，为了不显膨胀感，以眼镜和包来收缩。T 恤的叠搭，穿出立体感是要点。

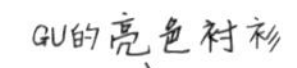

盖住下腹部衬衫的小秘诀

很在意腹部周围的人，建议把衬衫的下摆打结。我很喜欢灰色和彩色穿搭。

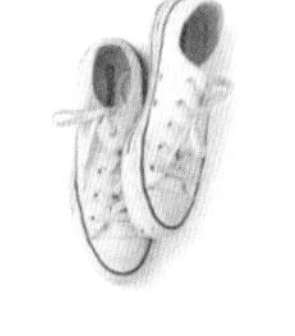

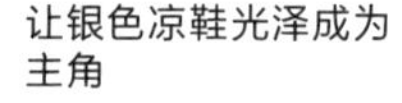

让银色凉鞋光泽成为主角

横条纹颜色之清爽绝搭，凉鞋的银色和项链的光泽形成色差。仅仅简洁轻松就足以有成人的成熟之感。

衬衫：GU
内穿背心：海外旅行购入（2000 日元）
耳环：友人手工制作
项链：手工制作
手表：Daniel Wellington
手镯：手工制作
包：Michele & Giovanni
眼镜：GU 鞋：匡威

毛衫：优衣库
内穿 T 恤：无印良品
眼镜：GU
手镯：H&M
包：饰梦乐
凉鞋：Carino

T 恤：无印良品
系在腰间 T 恤：优衣库
耳环：Spick and Span
项链：CHAN LUU
手镯：Spick and Span
凉鞋：BIRKENSTOCK

多横条款 穿搭变化

MULTI BORDER SKIRT

多条纹特有的优雅氛围堪称全能

穿着手感很好的罩衫＆高跟鞋外出，是提升形象的穿搭。紧腰宽胸，会让下半身看上去很瘦。

V字领白毛衫给人清爽印象

领口的V线条与横条纹的颜色一致，清清爽爽，没有杂乱之感。内穿有金属线的大背心，露出下摆。

横条纹的颜色，全身统一，放心的穿搭

只要上衣有横条纹中的一种颜色，就不会穿搭失败。小饰物与横条纹中的一种颜色一致，整体统一，从而突出了裙子的存在感。

毛衫：优衣库
内穿背心：海外旅行购入（2000日元）
手持牛仔服：GAP
眼镜：GU
手表：Daniel Wellington
手链：手工制作 包：GU
鞋：海外旅行购入

毛衫：NOMBRE IMPAIR
项链：Atelier el
手表：Daniel Wellington
手链：手工制作
包：海外旅行购入
鞋：ORiental TRaffic

罩衫：H&M
耳环：GU
项链：Lattice
包：Spick and Span
手镯：H&M
鞋：COLE HAAN

彩色裤的着装搭配

还在流行继续中，容易穿搭的是蓝色、军绿、粉色 3 种颜色。

我推荐以下 3 款

1

虽然简单但质量上乘

浅蓝色裤

漂白过的蓝色牛仔裤，有不过于简单明亮的颜色而拥有超高的人气。容易穿着，上档次，如果配上优雅的小饰物，就会显示出适度甜美的华美。

优衣库 紧身浅蓝牛仔裤 （3990 日元）

2

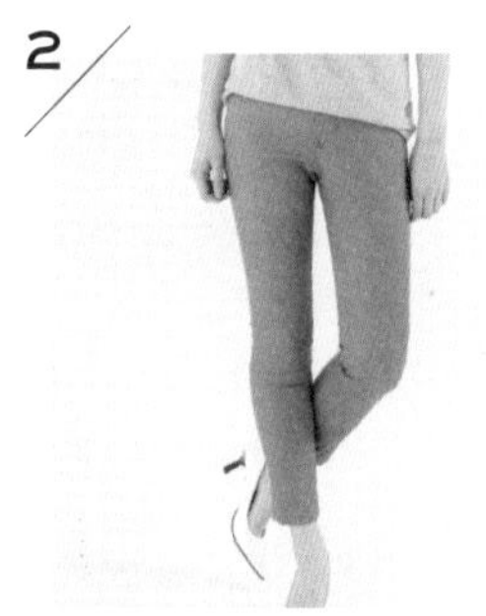

如果厌倦了牛仔裤

明亮的军绿色裤

几乎和牛仔裤一样，不管什么样的上衣都适合与之相搭，所以大多推荐给初穿彩色牛仔裤的朋友。这里展示的是紧身型的，如果不喜欢紧身型的话，宽松型也很漂亮。

GU 军绿色裤（1500 日元左右）

3

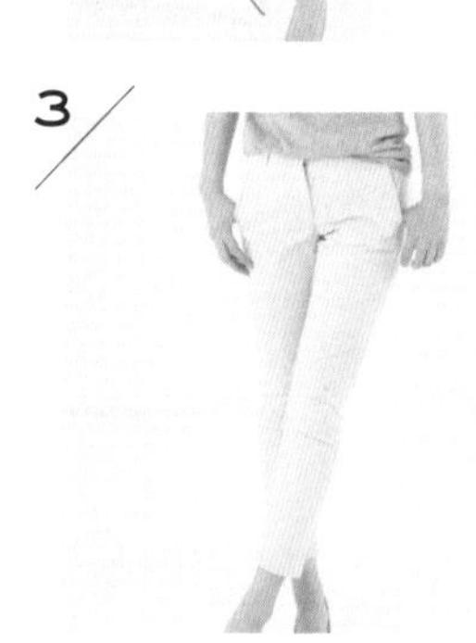

稍许甜美的

粉嫩色裤

仅仅在习惯穿搭上增加了 10% 的甜美度，稍作添加就魅力十足。宽松的、看上去有些胖的原因是微微有点的膨胀色。所以紧身（裤）貌似比较容易搭配

GAP 粉嫩色裤（3000 日元左右）

浅蓝色裤 穿搭变化

ICE BLUE PANTS

巧用彩色做流行的艺术家

和雕绣蕾丝穿搭，演变成流行艺术家。与具有放松感的漂白色穿搭，更显即时感。

黑色 + 浅蓝色，夏天清爽的穿搭

凉爽轻快的彩色裤，让人看不到闷热酷暑的黑色。小饰物可以用白色，也可大胆用灰色以强调微妙的不同。

和米色最适合的难道不是这蓝色！？

比米色的毛衫穿搭白色牛仔裤更具光泽，比靛蓝色更显温柔的是浅蓝色。推荐给喜欢米色的朋友。

大背心：H&M
耳环：贵和制作所
项链：手工制作
手镯：GU
包：Michele & Giovanni
披肩：Faliero Sarti
鞋：匡威

罩衫：饰梦乐
项链：CHAN LUU
眼镜：GU
手表：Daniel Wellington
手镯：CHAN LUU united bamboo
包：Spick and Span
鞋：Carino

毛衫：GU
项链：Lattice
手表：Daniel Wellington
手镯：GU
包：MOYNA
鞋：ORiental TRaffic

明亮的军绿色裤 穿搭变化

KHAKI PANTS

2

粉色的上衣恰到好处地显示淡淡的甜美

粉色和军绿色具有成人感，是我大爱的组合！军人的氛围使上衣的甜美恰到好处，极好的平衡感。

如果是休闲装，建议穿灰色基调

休闲的王道穿搭，以灰色基准，少颜色穿搭是我的风格。围在腰间的颜色也一致的话，会显清爽。

红色＋军绿色，绝搭！大胆使用素雅小饰物

休闲轻松的军绿色裤与链包和漆皮鞋相搭配，更显层次感，大爱。与军绿色非常搭的红色成为点缀。

衬衫：丈夫的
围在腰间的衬衫：GU
帽子：GU
眼镜：GU
手表：Daniel Wellington
包：L.L.Bean
鞋：匡威

罩衫：海外旅行购入
内穿大背心：GU
耳环：GU
眼镜：GU
手表：SEIKO
手镯：JUICY ROCK，手工制作
包：Spick and Span
鞋：Carino

毛衫：优衣库
披在肩上的毛衫：ZARA
手表：Daniel Wellington
包：饰梦乐、海外旅行购入
凉鞋：Spick and Span

嫩粉色裤 穿搭变化

POWDER PINK PANTS

甜美三色，海的味道，更具成人风

藏青色与白、粉色组成甜美三色。彩色的敞口鞋，更显成人风韵。

随意的穿搭更显快乐时髦

牛仔衬衫所显现的少女气息，是嫩粉的功劳。独特的气息让我们感受到快乐时髦。

用粉色＋黑色，既保守又时髦

粉色仅仅和黑色搭配会给人时髦的感觉，清晰的双色对比的上衣给人成熟感。

衬衫：海外旅行购入
内穿 T 恤：无印良品
系在肩上的上衣：H&M
手镯：CHAN LUU、GU
包：饰梦乐
眼镜：GU
鞋：匡威

上衣：ZARA
帽子：idee
项链：CHAN LUU
手镯：H&M
包：Spick and Span
手持对襟毛衫：H&M
鞋：海外旅行购入

上衣：BLISS POINT
耳环：GU
眼镜：GU
项链：BLISS POINT
手镯：Lavish Gate、手工制作
包：饰梦乐
披肩：Faliero Sarti
鞋：FABIO RUSCONI

蓬松裙的着装搭配

身材微胖的人适合穿藏蓝色喇叭裙，身材苗条的人最适合有褶皱的裙子。

我推荐以下 3 款

1

如果想要显瘦的效果

藏青色的喇叭裙

使腰部扩张、体型显瘦的是喇叭裙。拿出上衣，在腰间系上衬衫，微胖的腹部就会变得不显眼，推荐休闲、雅致都好穿搭的藏青色。

优衣库 棉质喇叭裙（1990 日元）

2

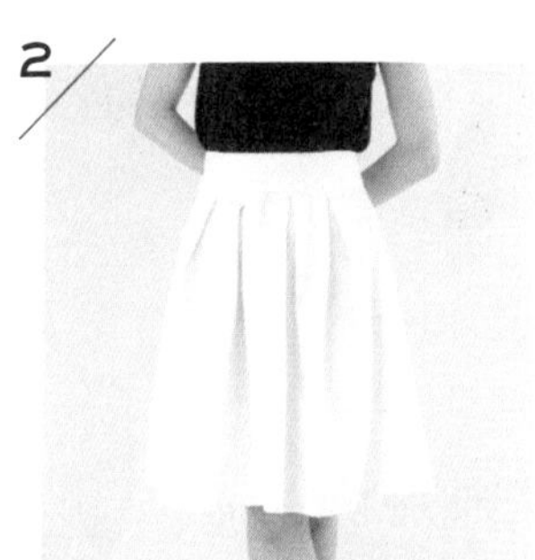

新生的流行感

折（皱）裙

具有张力的面料和多处折皱所带来的蓬松感正是今年的流行。不管怎么说，因为会显出腰间的赘肉，这一款比较适合瘦的朋友。

GU 折皱裙（1490 日元）

3

成人气质

印花喇叭裙

加入印花，更显个性的成人穿搭。遮掩腰间赘肉的喇叭裙，有存在感的花纹并不花哨。为了不显老，上衣面料要特别留意。

GU 蓝色印花喇叭裙（1490 日元）

藏青色喇叭裙 穿搭变化

NAVY FLARE SKIRT

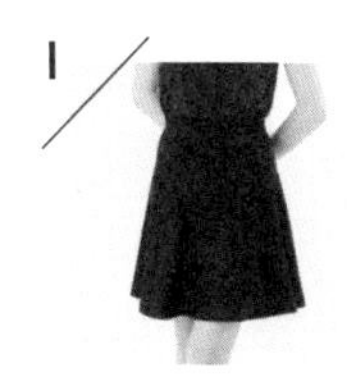

棉面料的裙，简单的整体风格

只要有藏青色上衣，就会提高整体的流行味道。显示腰部的银色腰带使整个穿搭张弛有度。

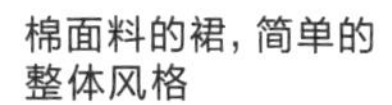

变身参加 party 的上衣搭配

有花边的上衣貌似可以去参加 party。手持包卷上同色系的围巾增加了华丽感。

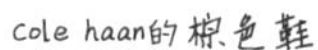

cole haan的棕色鞋

衬衫的色差起着点缀效果，健康的三色

Logo 作为装饰，是健康的穿搭。简洁的裙子，由于其合身的穿搭就让人眼前一亮。

T 恤：丈夫的
围在腰间的衬衫：GU
眼镜：GU
手表：Daniel Wellington
手镯：united bamboo
包：L.L.Bean
鞋：PEPEROSA

上衣：GU
眼镜：GU
耳环：H&M
腰带：优衣库
包：饰梦乐
披肩：UNFIT femme
手镯：Lavish Gate
鞋：COLE HAAN

项链：手工制作
上衣：H&M
包：饰梦乐
围巾：二手店购入（1000 日元）
手镯：Lavish Gate、手工制作
鞋：FABIO RUSCONI

折（皱）裙 穿搭变化

TUCKED SKIRT

2/

红+白横条纹，成人的可爱穿搭

休闲风的横条纹上衣，和折皱裙的穿搭有着成人的可爱气息。略显成人风的米色小饰物更显效果。

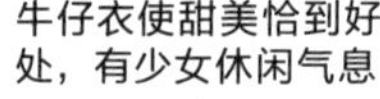

衬衫下摆打结小巧而踏实

为了和蓬松的外形轮廓相搭，衬衫短短地系在腰间打结。虽然是男式的衬衫，却有女人味线条。

牛仔衣使甜美恰到好处，有少女休闲气息

上半身短小、精悍的牛仔衣，是折皱裙的最完美搭档。银色小饰物与纽扣协调搭配，显完美。

衬衫：GU（丈夫的）
内穿上衣：海外旅行购入（2000日元）
眼镜：GU
包：海外旅行购入（4000日元）
手镯：Lavish Gate、手工制作
鞋：bellini

大背心：DRESSTERIOR
内穿大背心：海外旅行购入（2000日元）
肩上的毛衫：ZARA
帽子：Panama hat
眼镜：GU
包：MOYNA
手镯：CHAN LUU
凉鞋：PELLICO

牛仔上衣：GAP
T恤：无印良品
内穿大背心：海外旅行购入（2000日元）
项链：BLISS POINT
手表：Daniel Wellington
包：GU
围巾：二手店购入（1000日元）
鞋：PEPEROSA

印花喇叭裙 穿搭变化

PRINTED SKIRT

厚马甲 & 运动鞋显女人味身姿

有女人味的印花喇叭裙，与运动鞋搭毫无违和感。轻便的运动穿搭，因具有女人味而整体印象提升是其魅力。

上衣即使普通也毫不单调，非常时髦

和象牙白的运动鞋穿搭，印花喇叭裙给人别具匠心的味道。不是敞口皮鞋，别具特色。

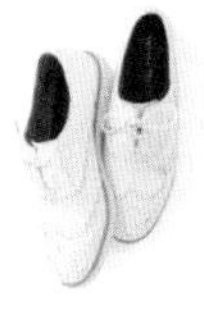

素雅穿搭“另类”小饰物是必须

穿搭夹克，为了不成为“开放日妈妈”的感觉，穿“另类”一点的男性化鞋形成对比，大胆使用粗线条的项链。

厚马甲：GAP
T恤：无印良品
眼镜：Zoff
手表：CASIO
手镯：Can ☆ Do
包：饰梦乐
披肩：Faliero Sarti
鞋：New balance

毛衫：H&M
内穿大背心：海外旅行购入
项链：手工制作
手镯：手工制作
包：GU
鞋：ORiental TRaffic

夹克：优衣库
内穿大背心：GU
项链：手工制作
手镯：Lavish Gate
包：海外旅行购入
披肩：优衣库
鞋：bellini

专栏2

男式毛衫非常好搭配!

男式毛衫的独特之处，颈部收紧型，粗犷感，大爱，所以经常穿男式的毛衣。虽然确实有些大，但是可以卷起袖子，或是让它堆着，只要动作方便，感觉很好!

1. 丈夫在优衣库买的，就经常借来穿的大红色毛衫。给灰暗的冬天带来温暖。因为是插肩款，肩不下落，易于穿搭!

2. 二手店买的超便宜的高领毛衫。洗后稍稍变小，对我来说正好。下摆收口处紧密，即使稍长也可作调整，非常方便。

3. 这件也是二手店买的。手感很好，中等间距编织，很喜欢。衣长稍长，下折后与下装穿搭，穿成紧腰宽胸式。

4. 仅仅把前襟塞入宽松的裤子，就会有很好的平衡效果。宽松的毛衫和有裤线笔挺的裤子穿搭也不会过于素雅，可以轻松穿搭。

5. 灰色的毛衫是在二手店购买的 GAP 品牌。中等间距编织，有粗犷感，很喜欢。前襟塞入裙中，只要有粗犷感，多出来的部分并不惹人注意。

让低价服装看上去 10 倍流行

我（YOKO）的小饰物使用方法

与喜欢服装一样，也许，我更喜欢小饰物。特别是低价的服装，与鞋、包的搭配风格非常重要。很多人说不懂如何搭配小饰物，实际上有其搭配法则！按照法则去做非常简单哦。

普通的服装因小饰物而变得时髦流行

提升低价穿搭的档次
推荐最佳小饰物 9

1. GU

小型链条挎包

小巧的挎包虽然有好多种，推荐的是明亮色的链条包。其华丽可取代首饰。

2. BLISS POINT

硬币大小的项链

即时感不可缺少的米色项链。硬币大小，和别人不会撞衫，稍许能彰显个性。

3. 优衣库

有光泽的细腰带

意外而显眼的是腰带。基础的黑、茶色之外，还有银色、金色等带有光泽的活泼色彩的细腰带也很不错。

4. ZARA

配色包

使用 3 种颜色，其存在感出众。虽然自身颜色单一，但因其有很强的视觉感，最适合做穿搭的点缀。

5. GU

泪珠形太阳镜

有酷酷的海外异域风的感觉。如果不喜欢戴，可以挂在胸前或包上也显效果。

无论在哪里都有卖的正统服装，要体现其时髦感，靠的是小饰物。同样的服装只要改变小饰物，就能改变其形象，或可见成熟，或变得轻松休闲。如果把穿搭比作料理，那么小饰物就是调料，稍作添加，就会体会到其无穷的味道，下面介绍我推荐的小饰物。

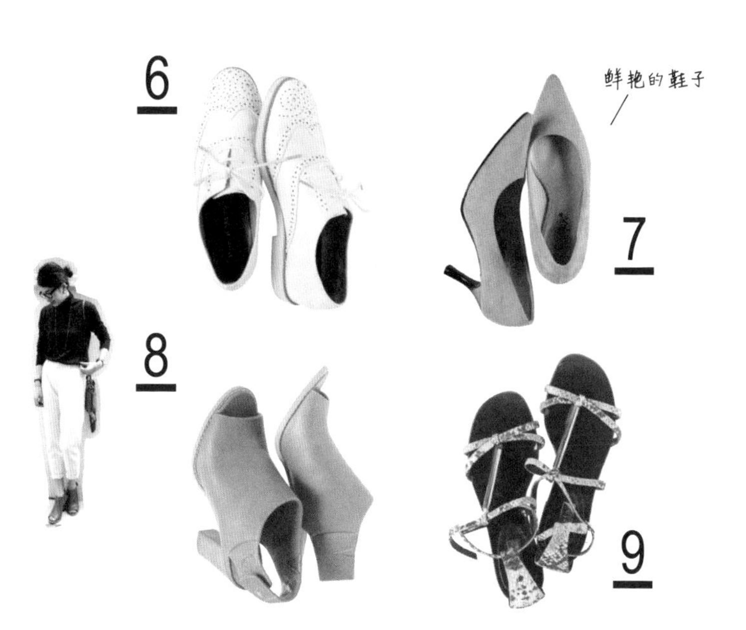

6. ORiental TRaffic

雕花鞋

男性化的正装鞋，是休闲服与素雅穿搭的另类搭配。春夏季白色比较易于搭配。

7. AmiAmi

彩色敞口鞋

与衣服难以搭配的醒目的颜色，只有鞋才成为点缀。没有多余的装饰，简单的设计，更容易穿搭。

8. Cole Haan

露趾靴

一般的凉鞋没有露趾敞口鞋这样的存在感！意外地和所有服饰都能容易搭配，让人感到流行、时尚。

9. carino

蛇皮花纹的凉鞋

一般皮革所没有的高级感的蛇皮花纹，比豹纹更雅致，虽然体积小，却散发出极强的灵性。

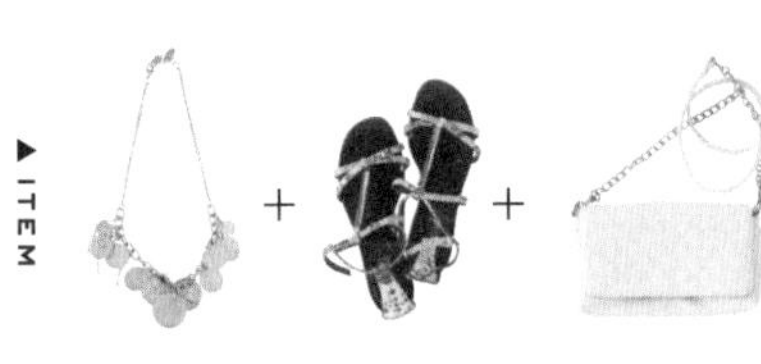

▲ITEM

清爽感的黑色服装映衬着重口味小饰物

禁欲的单调穿搭极力排斥甜美。银色和蛇皮（花纹）成为点缀。

上衣：BLISS POINT 包：优衣库
帽子：idee 手表：Daniel Wellington
手镯：Can ☆ Do、GU、Lavish Gate

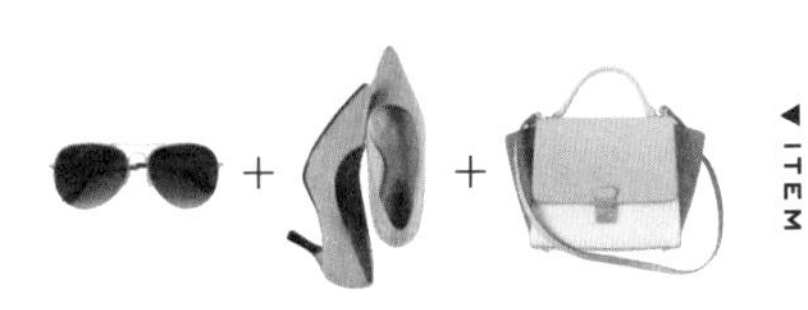

▲ITEM

太阳镜的存在感不把牛仔裤当做理所当然

增加阔腿牛仔裤的流行感的太阳镜，只要素雅、小巧，并不过于野性就好。

毛衫：优衣库 衬衫：无印良品
裤：NOMBRE IMPAIR

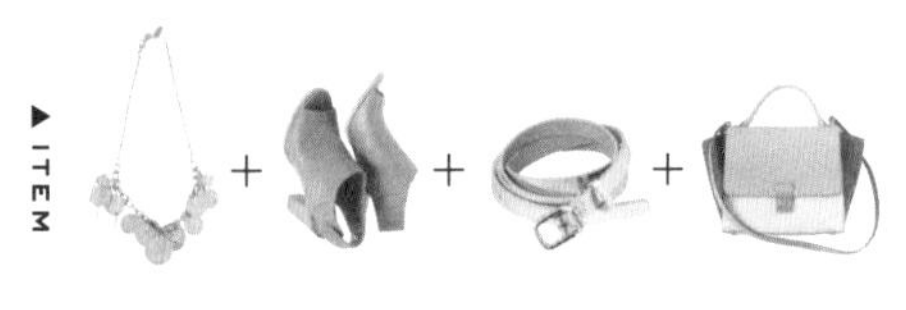

▲ITEM

米色系的包和鞋子是完美穿搭的绝配！

活泼色彩的服装，只要和米色的小饰物搭配就会有很雅致的氛围。硬币大小的项链有绝妙的存在感！

上衣：ZARA
裤：URBAN RESEARCH ROSSO
手表：Daniel Wellington
手镯：CHAN LUU

ITEM

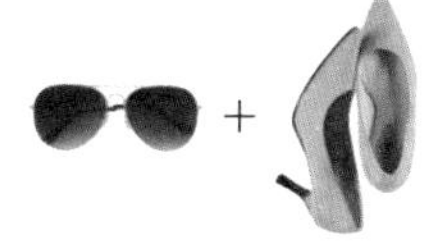

彩色敞口鞋才有的轻快脚步

小饰物中有短裤花纹中的一种颜色。包上挂着的太阳镜，轻抹一笔随意、轻松。

上衣：H&M　超短裤：ZARA
项链：手工制作　包：MODALU
手镯：Lavish Gate、手工制作

ITEM

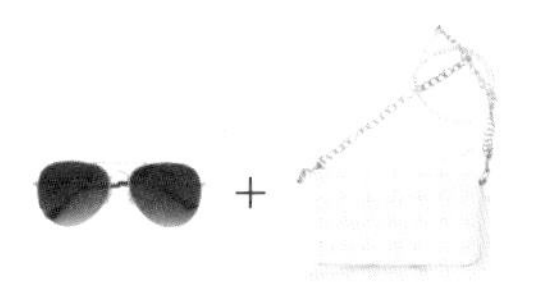

不用项链的大胆选择

戴毛线帽轻松着装时，太阳镜和斜挎的包链代替了项链。

上衣：UNITED ARROWS
超短裤：优衣库
帽子：GU　手镯：H&M

ITEM

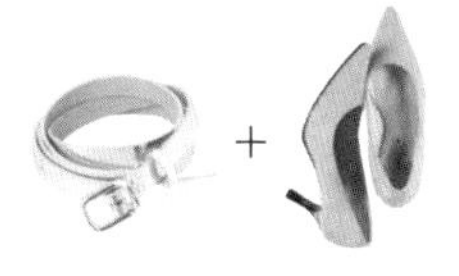

下摆塞入时讲究腰带

提升普通穿搭品位的是：若隐如现的腰带，它的光泽成为了装饰。

衬衫：无印良品 超短裤：优衣库
项链：手工制作　包：Spick and Span
手表：Daniel Wellington
手链：GU、Lavish Gate、手工制作
手拿对襟毛衫：H&M

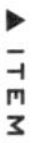

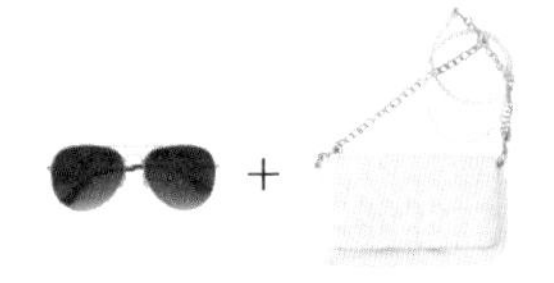

模仿造型师的技巧

在杂志上看到的大手提布袋，就想尝试模仿，与优雅包一起拎！

上衣：送的　牛仔裤：H&M
腰间系的衬衫：GU　帽子：idee
手表：Daniel Wellington
手镯：Can ☆ Do、Lavish Gate、贵和制作所、手工制作　包：GU

▼ITEM

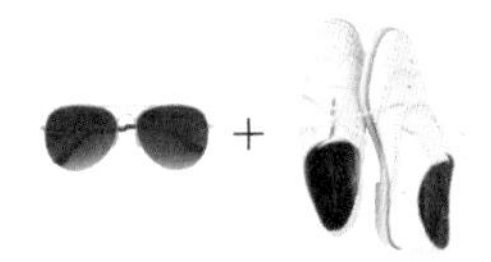

将超休闲服变身异域风的技巧是？！

轻巧的针织面料连衣裙。只要搭上太阳镜，就会有异域假日的休闲感。

连衣裙：优衣库
披在肩上的针织衫：H&M
耳环：GU　包：饰梦乐　手表：SEIKO
手链：手工制作　包：H&M

▲ITEM

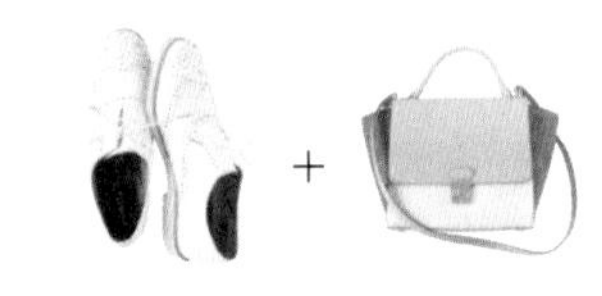

牛仔衬衫和包的搭配，有成熟之感

配色包看上去不和谐，但同时享受着像学生一样的搭配。脚下用花雕鞋使之平衡

衬衫：海外旅行购入　内穿 T 恤：无印良品
裤：饰梦乐　耳环：友人手工制作
手表：Daniel Wellington
手链：手工制作、Lavish Gate

▲ITEM

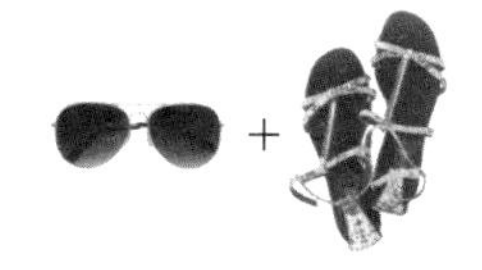

素雅＋帅气，喜欢的混合穿搭

珍珠的细腻和太阳镜的粗犷形成的反差是要点。

上衣：优衣库　内穿大背心：海外旅行购入
裙：coca　包：atelier EIN
披肩：UNFIT femme
手表：Daniel Wellington
手镯：CHAN LUU

▼ITEM

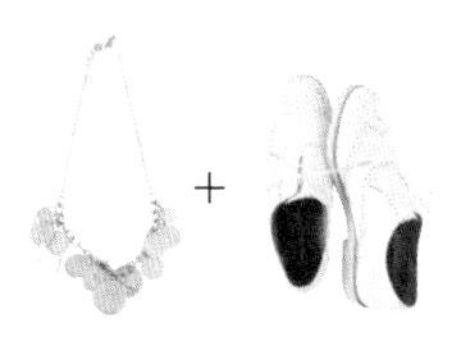

这件短外套的穿搭，搭配项链，感觉不同凡响。

硬币大小的项链和褪色的牛仔裤完全抹去了短外套的保守感。

短外套：优衣库　T恤：无印良品
牛仔裤：LEE
手表：Daniel Wellington
手镯：CHAN LUU　包：饰梦乐
包上缠绕的围巾：二手店购入

▲ITEM

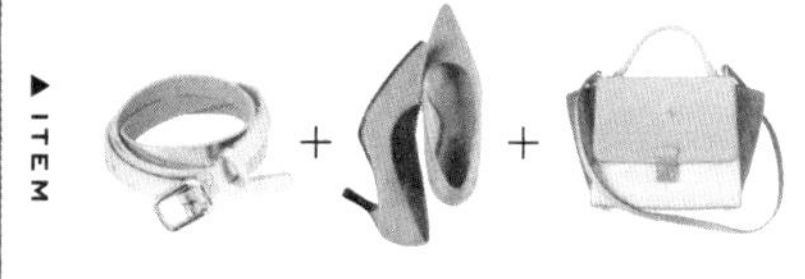

白色基调的服装上配色彩鲜艳的小饰物，比较醒目和谐。

今天的衣服配上鲜艳的小饰物，非常雅致。以白色为基调，其他颜色即使多，也非常完美和谐。

衬衫：优衣库　背心：LOWRYS FARM
裤：优衣库　手表：Daniel Wellington
手链：手工制作、贵和制作所
披肩：UNFIT femme

把鞋、包、裤子
分成“休闲系”“可爱系”“素雅系”3个系统

提升品位系统坚决投入购买

轻松和简单的休闲系、工作模式素雅系、中间化的可爱系。决定了服装，然后决定服装所适合的系统来进行搭配、再加入鞋和包。判断决定自己所拥有的服装元素符合哪种范畴系统，最终完美穿搭是非常重要的。大胆尝试用其他系统来做另类穿搭。

款式-2

可爱系

在“休闲系”和“素雅系”之间，就如所写的不仅仅是“可爱系”、还有“帅气系”和“时髦系”。

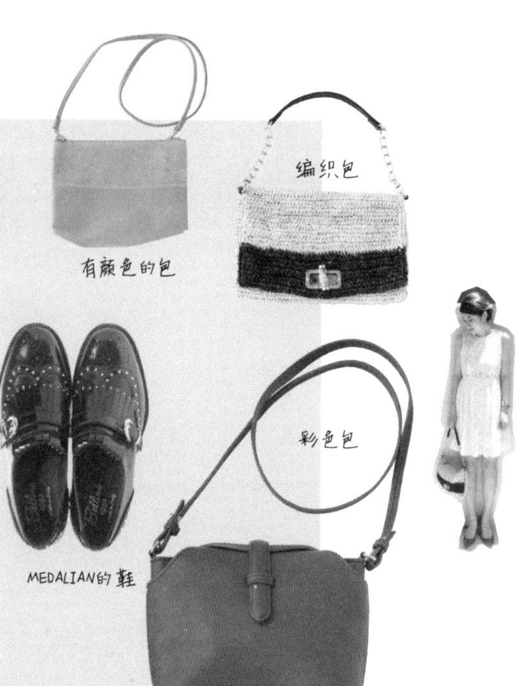

有颜色的包

编织包

编织包

MEDALIAN的鞋

彩色包

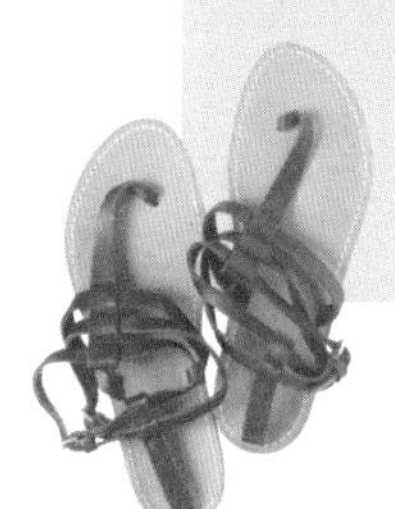

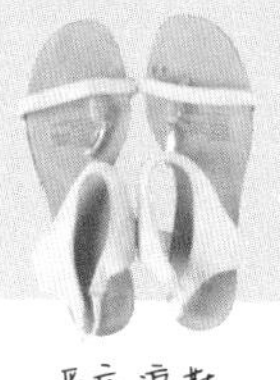

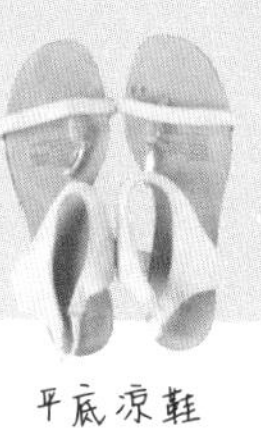

平底凉鞋

皮革包

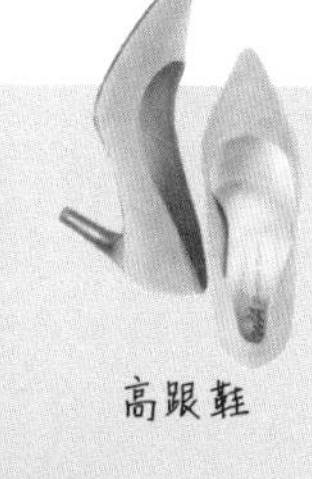

高跟鞋

彩色轻便鞋

皮包

boston的包

尖头平底鞋

高跟鞋

款式-3

素雅系

办公室工作，出席庄重场合或宴会等使用。许多人称之为“庄重系”。

即使是休闲装，
也会因小饰物而一下子转变风格

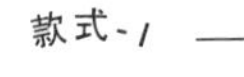

休闲系

小饰物也统一休闲风。但是稍稍地加入针织帽和太阳镜，流行感随然而至。

横条纹 + 牛仔裤
意外发现竟是素雅穿搭

很多人穿的基础款休闲装，因小饰物的搭配而有意外的收获，我想很多人不知道。鞋、包很容易统一成休闲风，但是珍珠和便鞋的搭配，竟超乎想像的女人味十足。“没有时间，穿同样的衣服吧”这样想的朋友，请一定尝试一下。

针织衫：优衣库
牛仔裤：优衣库
帽子：GU　耳环：GU　眼镜：GU
系在腰间的防寒夹克：GU
包：L.L.Bean
手表：Daniel Wellington
手链：手工制作
鞋：MAISON ROUGE

款式-2

可爱系

筐包、凉鞋都会让人感受到少女的气息。披肩增添了华丽的色调、更显可爱!

款式-3

素雅系

珍珠和链条包提升了牛仔裤的品味。脚上穿搭尖尖的敞口鞋。穿搭黑色的高跟鞋也很漂亮。

眼镜：GU
腰带：优衣库
手链：GU、JUICYROCK
包：Michele & Giovanni
披肩：LAPIS LUCE PER BEAMS
凉鞋：ZARA

衬衫：无印良品
项链：CHAN LUU
包：海外旅行购入
手链：CHAN LUU、手工制作
鞋：海外旅行购入

素雅装
也可以每日穿着

款式-1

休闲系

少女风味的连衣裙、运动鞋 & 帆布背包呈现放松模式，礼帽等不太甜美的小饰物，搭配效果明显。

想要有效利用连衣裙的朋友，注意了!

经常听到有朋友说：好不容易买的连衣裙，只有一种穿法，不太好搭。这是件一眼看上去很简洁的连衣裙，实际上只要搭运动鞋增加休闲度就非常可爱! 配上适合穿搭的小饰物，（连衣裙）就不会闲置在箱子里了。

连衣裙：GU
帽子：GU
手表：Daniel Wellington
手链：CHAN LUU
帆布背包：GU
运动鞋：匡威

款式-3

素雅系

利用雅致小饰物来选择适合的穿搭。脚上不用黑色，而是大胆搭米色的敞口鞋，显示轻松。

款式-2

可爱系

男性化的雕花皮鞋、硬币大小的大项链，与“可爱系”相比，称“时髦系”吧。

项链：BLISS POINT
手表：别人送的
手链：手工制作
包：ZARA
鞋：bellini

项链：Lavish Gate
手镯：H&M
包：海外旅行购入
披肩：优衣库
鞋：ORiental TRaffic

平价首饰多处使用，看上去很可爱

适合服装气息，享受多种穿搭

除了在上班时买的名牌首饰之外，一直使用的还有在 GU、H&M 网购的首饰。在低价时购齐流行款首饰，其中有百元店买的，也有手工制作的串珠。虽然大多是便宜货，但是一样和服装、手链、戒指等穿搭，并不显廉价，很有创意。

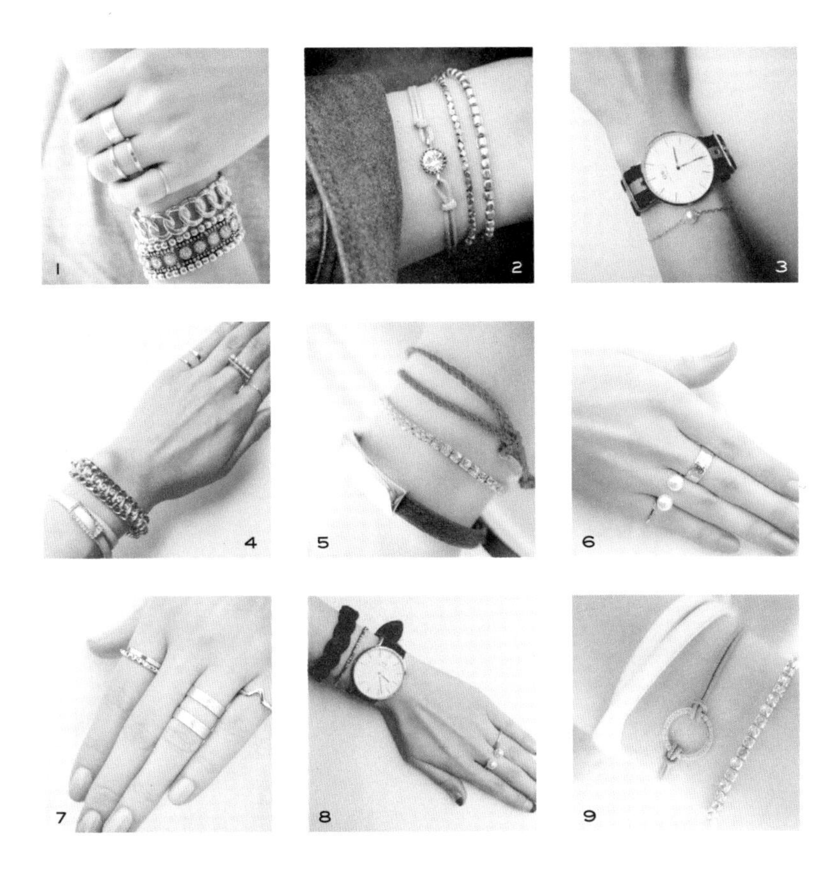

1. 灰色服装用银色来统一。戒指：友人(katchy)手工制作(中指)，H&M(无名指、小指)　手链：GU(上)，Lavish Gate(下)

2. 牛仔用皮革(风)链搭配。银色的两根只不过是贵和制作所的用尼龙绳串的串珠。手链：Can Do(左)，手工制作(中、右)

3. 休闲风的横条纹手表配上一粒珍珠，平添女性温柔。手表：Daniel Wellington　手链：手工制作

4. 奢华的戒指多处戴。手链：GU(右)，贵和制作所(左)　戒指：Ane Mone(食指)，dress(中指上)，杂货店购入(中指下)，H&M(小指)

5. 细细的彩色带和不同素材的手链混搭张弛有度。手链：united bamboo(上)，GU(中)，BLISS POINT(下)

6. 珍珠为主，用银色来协调的凉爽穿搭。戒指：友人(Katchy)手工制作(中指)，LOWRYS FARM(无名指)，H&M(小指)

7. 金色重复多处使用是简洁服装的要素。最近人人注目的LOWRYS FARM品牌的戒指的套用。戒指：所有都是LOWRYS FARM的品牌

8. 用银色来连接表盘和绳带。异域风的带子给人温和之感。手链：3coins(左)、手工制作

9. 以连接服装颜色的链绳为中心，混搭不同种类的手链：贵和制作所(左)，JUICYROCK(中)，GU(右)

专栏3

披肩、围巾的变化！

正统的服装，只要加上披肩，就会提升流行的时髦感。不仅仅在颈部围绕，还可以拿在手里，放在包上，作为穿搭的饰物，作用强大。

1. 彩色披肩仅仅和包一起手持，就显华丽感。这是在 Wild Lily 的店网购的。透明感的薄棉面料，我从 2 月份就开始使用。

2. 工作时买的 Faliero Sarti 披肩，是我的宝贝！薄薄的丝绸莫代尔材质，夏天有了它，就脱离了酷热。

3. 换季时稍薄的披肩是必备的。放在包里出门，感觉冷了就随意地围起。喜欢百搭的灰色，有 3 件，颜色只有一点点的不同。

4. 网上购买的红格子披肩是很好的穿搭点缀。换季不用穿外套时，就这样拿着漫步，既时髦又实用。

5. Glen Prince 颇受好评的披肩。厚厚的毛，旅行时不能拿很多外套，像这样能代替外套小外套一样，总想拿上一件准备着。

PART 4

FOUR

无论何时实惠穿搭

旅行时的穿着 & 情侣装

不仅仅是平日生活，回老家、旅行都可以穿实惠品牌的服装。外出旅行也不能放弃流行时髦，少元素如何穿搭，要慎选自认为可以穿搭组合的元素。与丈夫穿着情侣装，享受着假日的休闲时光。丈夫的当然也是低价品!

春夏装 10 天

上衣和内衣 5 件，短外套 1 件，下装是牛仔裤、裙、超短裤 3 种。这些就足以穿搭 10 天!

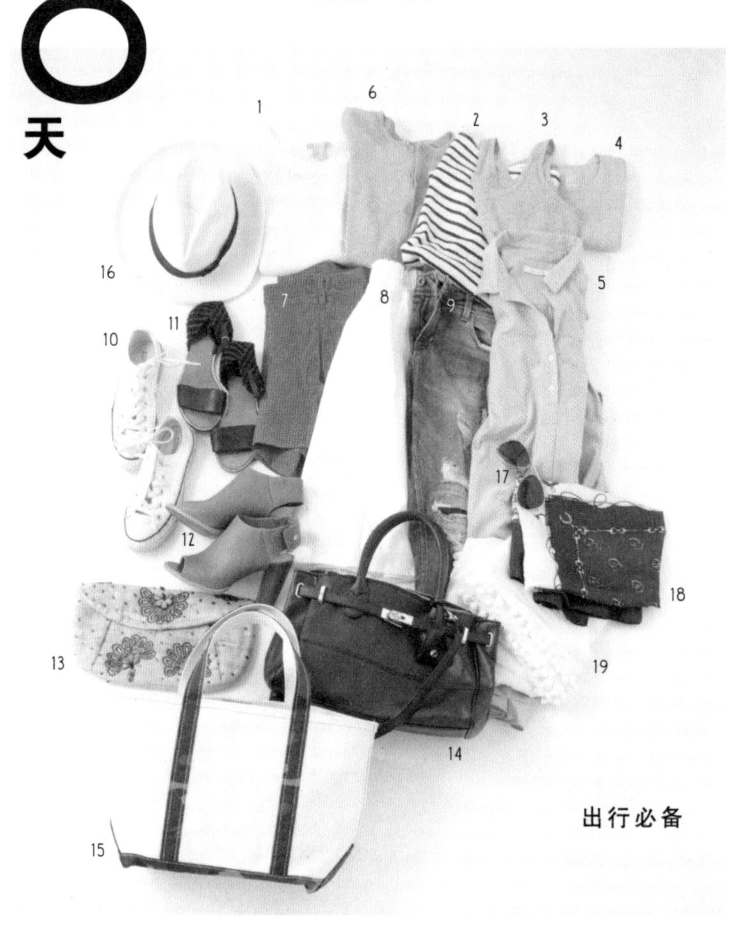

上衣

1. 白色针织衫（H&M）
2. 横条纹针织衫（优衣库）
3. 灰色大背心（优衣库）
4. 灰色 T 恤（无印良品）
5. 衬衫连衣裙（BLISS POINT）

短外套

6. 灰色对襟毛衫（优衣库）

下装

7. 彩色超短裤（优衣库）
8. 及膝折（皱）裙（GU）
9. 破洞牛仔裤（ZARA）

鞋

10. 运动鞋（匡威）
11. 凉鞋 (SEEBY CHLOE）
12. 露趾鞋（colehaan）

包

13. 晚装包 (moyna)
14. 素雅包（饰梦乐）
15. 大手提包（L.L.Bean）

小饰物

16. 礼帽（idee）
17. 太阳镜 (GU)
18. 围巾（二手店购入）
19. 披肩 (UNFIT femme)

10天的搭配款式

开始

DAY: 1

第1天

长时间在外走动的第一天
连衣裙＋运动鞋
重视穿着的舒适性
2＋5＋10＋14

第2天

DAY: 2

和妈妈开车出门！
轻松的
休闲穿搭
2＋6＋7＋
10＋13＋17

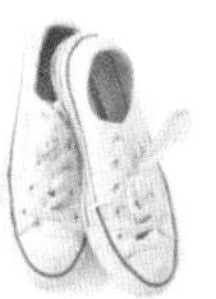

春夏装 10 天

第 3 天 DAY: 3

在时尚的酒馆与同学小聚。毫无疑问全身白色装，安心！

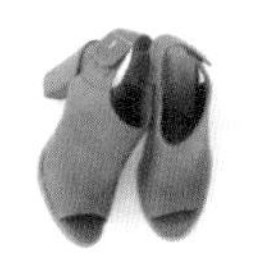

12 + 13 + 18

第 4 天 DAY: 4

去前辈的画室。同色系的 T 恤和开衫，整体的效果显得相当有品位。

idee's raffia hat

第 5 天 DAY: 5

和友人看电影。第一天的衬衫连衣裙，更显成熟感。

16 + 17 + 19

第 6 天 DAY: 6

牛仔裤 + 太阳镜的轻松穿搭
去朋友主办的 BBQ

1 + 3 + 9 + 11 +

15 + 16 + 19

第 7 天 DAY: 7

今天都在时尚的咖啡馆休闲。
连衣裙当衬衫穿。

5 + 8 + 10 + 14 + 18

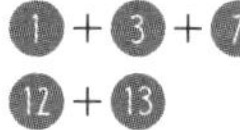

第 8 天 DAY: 8

和高中时代的女朋友晚餐。考虑到会连续再去别的地方吃。选择随意的正装。

1 + 3 + 7 + 12 + 13

第 9 天 DAY: 9

去购物中心。即使东西很多，有大手提包毫无担心之感。

4 + 6 + 8 + 11 + 15 + 19

第 10 天 DAY: 10

看完体育比赛后，末班车回东京。

2 + 6 + 9 + 10 + 14

秋冬装 10天

大体量的外套、反复穿的大衣和可以折叠的皮夹克就够了，还可将稍厚的披肩代替外套来减少行头。

出行必备

上衣

1. 白衬衫（无印良品）
2. 大红色毛衫（优衣库）
3. 灰色毛背心（OSMOSIS）
4. 横条纹高领毛衫（优衣库）

下装

7. 无袖连衣裙（E hyphen）
8. 格子九分裤（优衣库）
9. 紧身牛仔裤（优衣库）
10. 彩色紧身裙 (Ciaopanic)

包

14. 大布包（饰梦乐）
15. 链条包（海外旅行购入）
16. 晚装包（GU）

短外套

5. 皮夹克（海外旅行购入）
6. 西装长大衣（ZARA）

鞋

11. 短靴 (L' autre chose)
12. 运动鞋（匡威）
13. 高跟敞口鞋 (ORiental TRaffic)

小饰物

17. 太阳镜 (GU)
18. 无花色披肩（妈妈的淘汰品）
19. 格子围巾 (Jungle Jungle)

10天的搭配款式

开始

DAY: 1

第1天

不想拿太多东西，
穿上了体量大的大衣
穿运动鞋

①+③+⑥+⑧+
⑫+⑭+⑱

第2天

DAY: 2

旅游日尽量腾出双手，
大手提包斜挎。披肩
起了很大作用。

④+⑤+⑩+
⑪+⑭+⑱

秋冬装 10 天

DAY: 3

第 3 天

今天起床有些晚。暖暖的日子披肩代替外套。

1 + 3 + 9 + 11 + 15 + 19

DAY: 4

第 4 天

和老朋友会餐。并不过分的正装连衣裙穿搭

4 + 7 + 13 + 15 + 19

DAY: 5

第 5 天

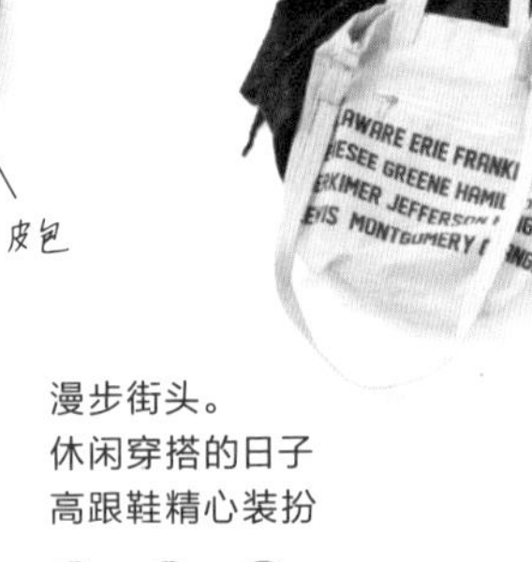

去前辈的家。衬衫 + 笔挺有线裤，很正式的感觉

1 + 6 + 8 + 11 + 15 + 17

DAY: 6

第 6 天

漫步街头。休闲穿搭的日子高跟鞋精心装扮

2 + 5 + 9 + 13 + 14 + 19

第 7 天
DAY: 7

有晚宴的日子，
用同一色调，完
美正装

1 + 7 + 11 +
16 + 18

DAY: 8
第 8 天

去专题美术馆，
以酒红色为基
调的潇洒秋色
穿搭。

2 + 8 + 13 +
15 + 17 + 18

DAY: 9
第 9 天

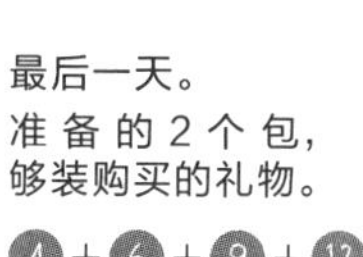

礼品商店！
即使是运动鞋
也努力让人看到时髦！

1 + 3 + 6 +
10 + 12 + 16

第 10 天
DAY: 10

最后一天。
准备的 2 个包，
够装购买的礼物。

4 + 6 + 9 + 12 +
14 + 16 + 17

穿着情侣装
享受周末的大好时光

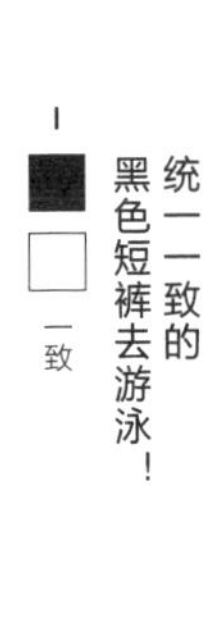

1

统一一致的
黑色短裤去游泳！

一致

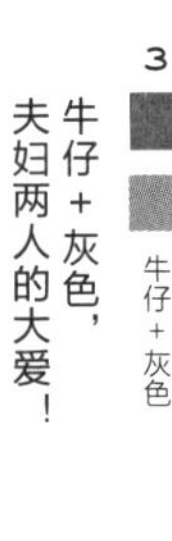

3

牛仔＋灰色，
夫妇两人的大爱！

牛仔＋灰色

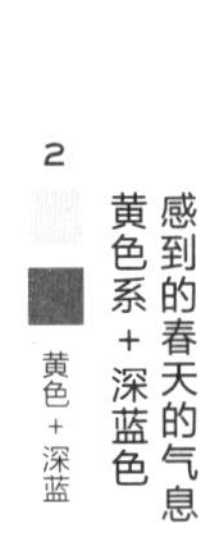

2

感到的春天的气息
黄色系＋深蓝色

黄色＋深蓝

4

有颜色的毛衫
用黑色小饰物来统一

茶＋黑

让色彩动起来！

1. 原本有海外旅行计划，但因为睡懒觉改为游泳！同一色调上下一致。因为过于单调，用红色的美甲来点缀！

我 /T 恤、短裤：ZARA　头箍：Lattice　眼镜：Tiger　凉鞋：havaianas　夫 /T 恤：velva sheen　短裤：GU　眼镜：Ray-Ban　包：饰梦乐 凉鞋：havaianas

2. 没有商量的两人下装竟有如此相搭的颜色。丈夫上半身穿的都是在二手店买的，比起我他也许更会低价穿搭。

我 / 风衣：ANGLOBAL SHOP T 恤：不明　连帽卫衣：TRADITIONAL 牛仔裤：优衣库　包：H&M　鞋：MAISON ROUGE　夫 / 短外套、毛衫、衬衫：二手店购入　裤：GU　鞋：Paraboot

3. 和丈夫协调，我穿了到脚面的连衣裙，上穿牛仔衣，黄金小饰物和皮革包稍显成人味道。

我 / 牛仔衣：GAP 连衣裙：GU 包：海外旅游购入　鞋：Pretty Ballerinas

夫 / 上衣：无印良品　牛仔裤：APC
鞋：ANS

4. 丈夫今年仅买了这件毛衫。和裤子一样，是在二手店买的，1500 日币左右。买东西真是厉害！

我 / 毛衫：ANGLOBAL SHOP　裙：优衣库　无檐帽：FERRUCCIO VECCHI　披肩：Altea　项链：手工制作 包：海外旅游购入　体型裤：tutuanna　鞋：FABIO RUSCONI
夫 / 毛衫：二手店购入　衬衫：GU　裤：二手店购入　鞋：Paraboot

和丈夫一起出门，相互间的穿搭要协调。只要两人的服装颜色有部分关联的话，就貌似有随意完美穿搭之感。因为丈夫也喜欢价廉物美的服装，夫妇两人共同享受着低价穿搭的乐趣！

5

4月某一天穿着黑＋茶色系，去赏樱花

一致

7

以横条纹为中心绿＋黑的穿搭

黄色＋深蓝

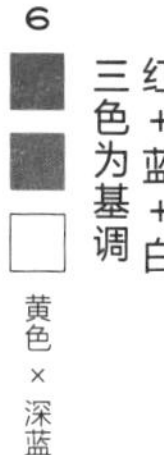

6

红＋蓝＋白三色为基调

黄色×深蓝

8

素雅的成人味道白色和海军蓝的穿搭

统一

5. 好多年前买的横条纹连衣裙，用它的米色来协调两人的装扮。这身打扮去看樱花，太冷了，披着披肩马上就回来了…。

我／皮夹克：海外旅行购入　连衣裙、包：饰梦乐　披肩：体型裤：tutuanna　鞋：FABIO RUSCONI　夫／大衣：二手店买入 针织衫、裤：优衣库　鞋：Paraboot

6. 丈夫横条花纹的毛衣和我围巾的颜色相似是要点。虽然多色但是白色发挥了它的作用，清爽！

我／毛衫：优衣库　牛仔裤：H&M　围巾：H&M　手拿风衣：ANGLOBAL SHOP　包：不明　运动鞋：匡威　夫／毛衫：H&M　衬衫：优衣库　裤：二手店购入　眼镜：Zoff　手拿外套：鞋：Stan Smith

7. 因为我穿着前几天刚刚买的横条纹上衣，所以用绿＋黑统一。丈夫迷彩包中有绿色。

我／针织衫：H&M 短裤：H&M 眼镜：Zoff　腰带：丈夫的　鞋：vis×HARUTA　夫／外衣：无印良品　裤：LEE　包：LAROCCA　鞋：VANS

8. 丈夫的短外套是 Barbour 品牌的。价格较高，网购的话便宜些。鞋是用网上的积分买的，比我还要会买东西。

我／背心：衬衫：无印良品 牛仔裤：优衣库 包：不明 手拿风衣：ANGLOBAL SHOP　鞋：PrettyBallerinas　夫／短外套：Barbour　针织衫：西友　裤：LEE　鞋：Stan Smith

穿着情侣装
享受周末的大好时光

1

白衬衫

今天的服装是白衬衫搭休闲风

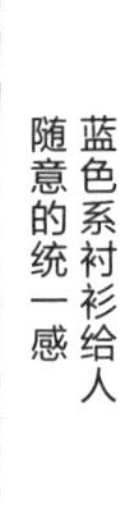

3

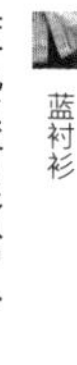

蓝衬衫

蓝色系衬衫给人随意的统一感

2

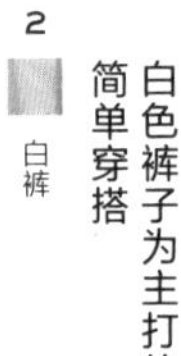

白裤

白色裤子为主打的简单穿搭

4

白鞋子

初春的假日从有清洁感的白鞋子开始

让色彩动起来！

1. 我穿着运动鞋提着大手袋，丈夫穿着连帽风衣，上演休闲风。我的裤子是深灰色，丈夫的深蓝色，很有统一感。

   我 / 毛衫：别人送的　衬衫：无印良品　裤：nano·universe　包：L.L.Bean　鞋：匡威
   夫 / 连帽风衣：衬衫：GU 裤：优衣库
   鞋：Paraboot

2. 我的裤子是细条纹面料。裤子、鞋、包，还有丈夫的衬衫和裤子，全是打折时买的！

   我 / 毛衫：优衣库　裤：URBAN RESEARCH ROSSO　包：ZARA　围巾：二手店购入　腰带：丈夫的　鞋：COLE HAAN　夫 / 衬衫：优衣库
   裤：LEE　鞋：Paraboot

3. 丈夫的衬衫是竖条纹的，我的是有白色的条纹。稍显朴素简单的两个人，加入了粉色的包。

   我 / 针织衫：UNITED ARROWS　衬衫：无印良品
   裤：饰梦乐　包：ZARA　鞋：FABIO RUSCONI
   夫 / 短上衣：URBAN RESEARCH　衬衫：二手店购入　裤：UNITED ARROWS　鞋：Paraboot

4. 两个人都以白色为基调，搭配深蓝和蓝色的服装。脚下纯白色来统一，清爽度倍增。

   我 / 毛衫、裤：优衣库　手表：Daniel Wellington
   包：L.L.Bean　鞋：匡威
   夫 / 衬衫：GU　裤：UNITED ARROWS 手持短外套：NORTH FACE　鞋：Stan Smith

Love!

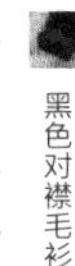

5

夏天，周末的沙滩凉鞋搭

沙滩凉鞋

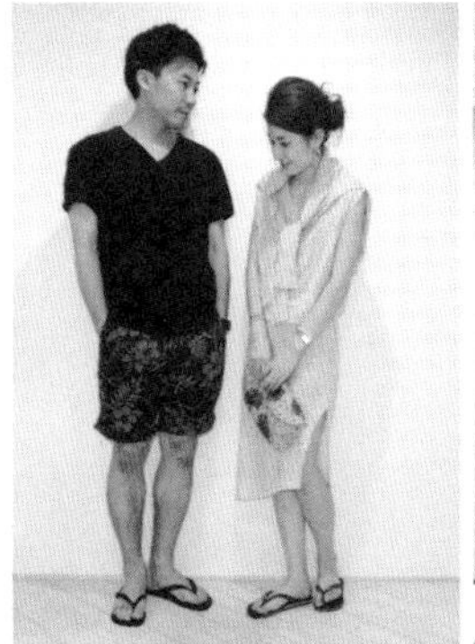

7

享受相似的对襟毛衫因穿着方法不同带来的不同感觉

黑色对襟毛衫

6

放松、休闲假日的运动鞋穿搭

运动鞋

8

用汗衫来协调一致休闲风

汗衫

5. 在河边兜风的穿搭。朋友送的沙滩凉鞋，偶然发现与丈夫同是 Havaianas 的品牌!

我 / 连衣裙 : ZARA　披在肩上的对襟毛衫 : 优衣库　包 : moyna　凉鞋 : havaianas
夫 /T 恤 : 二手店购入　短裤 : green label　凉鞋 : havaianas

6. 整体的色条是条纹蓝和条纹粉，很柔和的一致。丈夫的裤子是 5 年前买的，自己剪短的。

我 / 上衣 : 海外旅行购入　裤 : URBAN RESEARCH ROSSO　手拿披肩 : Faliero Sarti　鞋 : 匡威
夫 / 衬衫 : 二手店购入　裤 : UNITED ARROWS 鞋 : new balance

7. 丈夫穿着无印良品的对襟毛衫披肩，我穿的是优衣库的短外套。为了不成为“一对儿”的感觉，改变穿搭方法。

我 / 对襟毛衫 : GA 优衣库　上衣 : H&M　围巾 : 二手店购入　凉鞋 : Carino
夫 / 对襟毛衫 : 无印良品　衬衫 : 二手店购入 裤 : Dickies

8. 我是泛黄色的白色，丈夫的上衣是灰色的汗衫。没有项链，取而代之的是斜挎的粉色包包。

我 / 汗衫 : 牛仔裤、包 : ZARA　鞋 : FABIO RUSCONI　夫 / 汗衫 : 无印良品　裤 : UNITED ARROWS　眼镜 : Zoff　鞋 : Paraboot

低价（服装）穿搭术 问&答

Yoko的建议

我对于博客上的很多问题进行整理，以此做为我的回答。

不知对大家能否有帮助，一点点帮助也好，我会不胜荣幸。

有关穿法

问 穿紧贴身体的上衣，很在意看上去会显胖。

答 臀部和腰部是和年龄一同发生变化的。上半身穿的小巧，尽量和不容易显现体型的下装穿搭。如：宽松裤、阔脚裤、长裙、宽松裙等。但是，冬天以不脱外套为前提，能够盖住臀部和腰部，偶尔可以穿短小的牛仔裤、紧身牛仔裤。

问 男性元素怎么样？能穿吗？

答 男式衬衫之优点是：穿着宽松、穿搭很有随意感。为了看上去不松松垮垮，袖子要清爽地卷起，大胆翻起衣领。毛衫的袖子也可以卷起，为了不滑落下来，可以在百元店买防袖滑落的带子。

问 穿上牛仔衬衫，看上去像男性…

答 下装也要宽松，不要张弛。也许会有模特的效果。下摆打结或仅前面塞进下装，把衣服变短。另外，建议下装紧致的裤子，上装大背心、T恤等和短外套都可以叠穿搭配。

问 有束腰的短外套，能做休闲风穿搭吗？

答 确实，束腰的话，很容易和素雅的裙或裤子穿搭。但是我觉得如果下装的牛仔裤是宽松型的，会有帅气的休闲风感觉。我很喜欢的优衣库的短外套，也是稍微有些束腰的，也做休闲装穿搭。

问 我有冬天穿的半袖毛衫，但是因为冷，基本上不能穿。

答 确实，一直闲置了啊。半袖的毛衫如果很贴身，那么可以穿在长袖里面，然后穿对襟毛衫。叠穿不仅温暖，而且很有立体感，请一定试试看。

问 今年很想买皮短外套，请问选择的窍门是？

答 我喜欢的皮衣短外套是骑士风格的，选择要点是：① 长度短小型；②皮革柔软，可内穿毛衫的；③衣领不要过大，设计不要过于僵硬。感到骑士风格过头的话，颜色不要太鲜艳。因为没有流行和不流行，过季的打折是最好的机会。即使是合成皮革，外形漂亮也不错。

问 **腰带式大衣袖子上的带子很松，一会儿就滑落下来……**

答 大衣的袖子如果长，就会显得拖沓，不优雅。袖子卷起露出手腕，就给人文雅不土气的印象。袖子上有带子的话，把带子牢牢收紧，系在手腕处，卷起也很漂亮。不必在乎带子的穿孔只要紧紧收牢，即使动作幅度大，也不容易脱落。如果有时间，还可以去修改的地方将带子去掉。

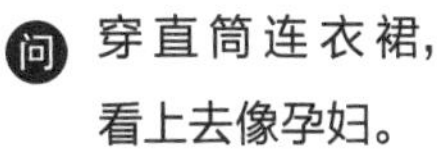

问 **穿直筒连衣裙，看上去像孕妇。**

答 因为我也很在乎腰部的赘肉，所以很是用心花功夫。把披肩披在肩上来提高视线，或是用长项链来增加竖线条感。还有配上腰带、衬衫束腰、斜挎包也会有效果。宽松的连衣裙本来就容易看上去像孕妇，所以还是不要选择太宽松肥大款的。

问 **用腰带束腰，束腰的位置在哪里比较合适?**

答 如果在腰往下的部位束腰的话，腰部就会看上去很长，效果不好。相反，如果往上的话，会感觉很拘谨，所以建议在中间部位束腰。腰带太有存在感，会有过时古板之感，拥有轻轻的时代感很强的细细的腰带会非常方便使用。

问 **胖了，适合穿紧身裤吗?**

答 丰满的朋友，用能遮住腰的上衣来盖住上半身，如果穿紧身裤的短小打扮，一样也很清爽的。“因为胖不能穿紧身裤”而放弃，我觉得很可惜。尤其向虽然大腿肉肉的、而小腿是瘦的朋友推荐。但是，如果小腿很胖，紧身裤就会让缺点更加明显。对于这样的朋友，九分萝卜裤看起来很潇洒别致。

问 **拖到脚面的长裙，选择怎样的长度好?**

答 基本上选择盖住脚面左右的长度。平底鞋就可以直接穿搭，穿短靴和高跟鞋时，要尽量到脚裸上方的长度，可以折一下（裙的）腰部来调整。

有关小饰物

问 **包的金属和首饰的颜色一致可以吗?**

答 金属如果是金色的，首饰也要金色，如果是银色的金属，首饰也是银色的，这样搭配，会给人统一感，非常清爽漂亮。这本书介绍的搭配方法，都很齐全。但是如果带银色的项链时，拿的包包上的金属是金色，已有提及，此时，手镯、戒指、手链要混合搭配使用。时装杂志中也有说，金色的带扣包包要和银色的手链或手表搭配，我想那要金属部分不太显眼的话，是没关系的。

问 有金属过敏，不能带首饰。

答 衣领周围有像宝石、链子的衬衫，带有人造钻石的衬衫，推荐给有小孩子不能戴项链的妈妈。即使没有首饰，对襟开衫毛衣上的扣子亮闪闪的，肩部带有扣子，对这些可爱上衣，请一定试试看。

问 想挑战尝试一下帽子，可是怎么也不能下决心。

答 帽子，比想象的更有视觉冲击力，所以开始有点不好意思的朋友会很多。我也试着精心地搭配帽子，有时也会感到不安“会不会太过头?！”我开始也是从小帽檐开始尝试，如今我对有视觉冲击力强的大檐帽相当有抵抗力了。

问 包的带子太长了……

答 斜挎时长度正好的带子，平时挂在肩上会很长啊。我的链条包也是这样，实际上在里面放了橡皮筋把链条扎起来（笑）了，正是因为是很便宜的包（海外1400日币左右）才有如此绝招。

问 想挑战袜子穿搭，有秘诀吗?

答 袜子的穿搭，虽然很可爱，但是很难哦。

鞋和袜子颜色一致，我是从穿黑色敞口鞋搭黑色袜子开始穿搭的。黑色的鞋搭灰色的袜子等色调渐变也很容易穿搭。穿搭习惯之后，加入白色、米色的短袜，就会有时髦感。要点是下装和袜子之间要看到皮肤。穿搭袜子时，裤子稍微短一点，会看上去很可爱。

问 高跟鞋不累吗？

答 我穿高跟鞋会在鞋子里放些东西。凉鞋、敞口鞋等，塞入透明胶体装的填充物，紧紧贴在鞋上，就不会移动了，非常舒服。短靴的话，大胆选大号的，可以塞入保暖带毛的填充物。

问 平跟鞋子，可以看上去很漂亮素雅吗?

答 头部尖尖的小尖头鞋，即使没有鞋跟，看上去脚也很大，但不失优雅。对穿高跟鞋很痛苦的朋友，厚底鞋的话，就好多了，有安定感。还有内增高鞋，虽然鞋跟很高，但相对可以很轻松地行走。

问 现在开始买短靴，过时了吧?

答 2013～2014年感觉最流行，精品店从八九年前一直就在卖，我想差不多可以作为基础款了吧。因材质头层皮或是小山羊皮等）外形、鞋跟的粗细不同，感觉会相当不同。想穿素雅的朋友，我觉得细鞋跟，鞋头比较简洁清爽的设计比较好。粗鞋跟，圆圆的鞋头，呈休闲风。

有关生活方式

问 想要的服装就毫不犹豫地购买吗?

答 在店里，我几乎没有买过一见钟情的衣服！我在换季前通过杂志和橱窗来学习购物（逛商店，看橱窗，光看不买）。脑海里尽可能有具体的穿着印象，进而，再整理这些具体形象的要素，在预算内找到完全一致的东西时，马上买下。很长时间想穿的外套等，在网上搜索，找到目标后再去店里试穿。

问 感觉穿上不太适合的衣服和鞋子果断扔掉吗?

答 尝试多次，如果感觉到还是不适合，如果是我的话就不会勉强，痛快地说再见。因为每次看到时都会烦恼，那些放这些不穿的衣服的空间，放入新的喜欢的适合自己的衣服和鞋子，心情会很好。某种意义上，低价的话无用的要少放些。我从前买的带彩带的甜美的衣服和小饰物，曾经喜欢，但是因为现在喜欢简洁风，所以过于甜美的几乎都处理掉了。

问 流行到底在哪里?

答 某时装杂志饰物，明确写着「今年流行白色！」，而另家杂志社却说「一定是黑！」，连杂志社说的都会有不同。好不容易买的服装，想着不是流行款，因此渐渐就失去了穿搭的信心，不太关心杂志信息了。如果变得没有自信了，那么就去看看杂志和时装橱窗的搭配，选择和它们相似的东西，“今年也这样 OK！”努力积极地这样想。

问 低价服装和别人不撞衫吗

答 非常理解你的心情！！所以，即使撞衫，尽量穿搭以不显眼的正统颜色无花纹为中心。有花色的，在 H&M、饰梦乐买的，因生产批量少也就不用担心撞衫了。但是，如果同样的衣服穿搭很漂亮的人擦肩而过时，“哇 -！那个人搭配的真好！还是这件衣服漂亮”，这些想法会油然而生。我也是，以这样的人为目标，学习中！

问 牛仔裤清洗的频率?

答 一般在收藏前用消臭剂、除菌剂等喷一下，穿 2 ~ 3 次，用手洗。还可以放入网袋机洗。与时髦的衣服一样用洗衣机温柔清洗，貌似也不错了。优衣库的开司米用洗衣机来洗，几乎没感觉到变小。即便如此，丈夫的牛仔裤等用洗衣机洗有过缩水变小的经历，“绝对没问题！”不能这样说吧……

结束语

低价穿搭的博客是 2103 年 5 月开始的，到现在正好两年了。

其间，不仅仅是博客，还有朋友让我作为他们的私人时装顾问，指导他们穿搭服装，也经常会在朋友面前聊有关时装的话题等，这些都让我收获很多。让大家见笑的实惠穿搭术，我想会一点点进步完美吧。在此期间的两年间，我完成了两本书。

虽然真的是非常喜欢低价穿搭，也并不憧憬渴望时装杂志和造型书上登载的大牌的服装。每次看书都很有收获，正是如此才走出自己穿搭的误区。虽然出了书，但是还有很多迷惑：这个穿搭是否真的不错，还能不能有更漂亮的穿搭组合等。就这样一边烦恼着，尽我的所有出了这本书。因此，在我把这本书非常高兴地献给大家的同时，又非常紧张。

还在不断学习的我，想尽可能地向更多的朋友一起分享流行的快乐！想给大家有一点点帮助！

最后，非常感谢您将这本书读到最后。看博客和照片分享感觉不错的朋友，还有给我留言的朋友，在此我向大家表示衷心感谢！多亏了大家，我每天才能精力旺盛地努力工作。

那么就到这里了，下次再见！晚安！

谢谢！

A
NYC
FREE
WiFi
P

图书在版编目（CIP）数据

小预算穿出大品牌：日本第1时尚博主教你百变穿搭 /（日）约克著；李鹏译. -- 上海：东华大学出版社，2018. 1

ISBN 978-7-5669-1310-4

Ⅰ. ①小… Ⅱ. ①约… ②李… Ⅲ. ①服饰美学 Ⅳ. ① TS941. 11

中国版本图书馆 CIP 数据核字 (2017) 第 275402 号

Yokoのプチプラブランド案内
Yoko NO PUCHIPURA BRAND ANNAI

责任编辑：竺海娟
版式设计：赵 燕
摄 影：福田秀世（P2 ~ 5、P96 ~ 99）
小林祐美（静物） 後藤利江（P72 ~ 91人物）
摄影助理：Daniel Wellington（ダニエル・ウェリントン）
㈱ジーユー ㈱ユニクロ
美 发：NANAMI
设 计：细山田光宣+藤井保奈（细山田デザイン事务所）
原书编辑：松尾はつこ

小预算穿出大品牌——日本第1时尚博主教你百变穿搭
Xiao Yu Shuan Chuan Chu Da Ping Pai

著者：（日）约克（Yoko）
译者：李鹏
出版：东华大学出版社
（上海延安西路 1882 号 邮编：200051）
天猫旗舰店：http://dhdx.tmall.com
营销中心：021-62193056 62373056 62379558
印刷：上海盛通时代印刷有限公司
开本：890mm×1240mm 1/32
印张：4
字数：300 千字
版次：2018 年 1 月 1 日
印次：2018 年 1 月第 1 次印刷
书号：ISBN 978-7-5669-1310-4
定价：32.00 元